SCIENCE IS BEAUTIFUL

BOTANICAL LIFE UNDER THE MICROSCOPE

科学之美

显微镜下的植物

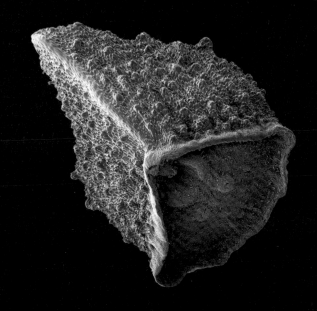

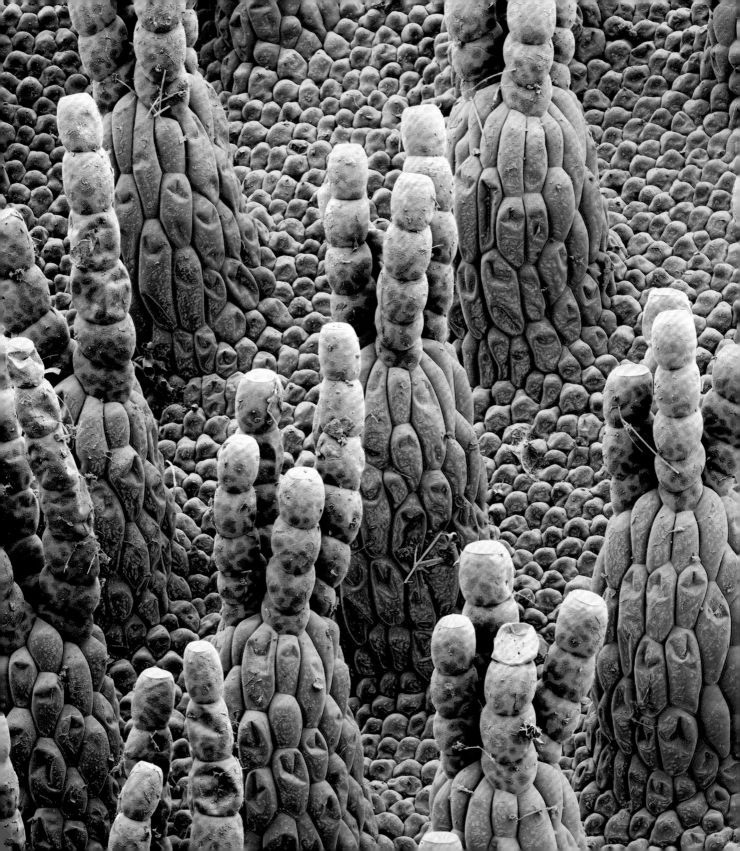

SCIENCE IS BEAUTIFUL
BOTANICAL LIFE UNDER THE MICROSCOPE

科学之美
显微镜下的植物

［英］科林·索尔特（Colin Salter） 著

刘夙 译

琉璃繁缕的蒴果 p21

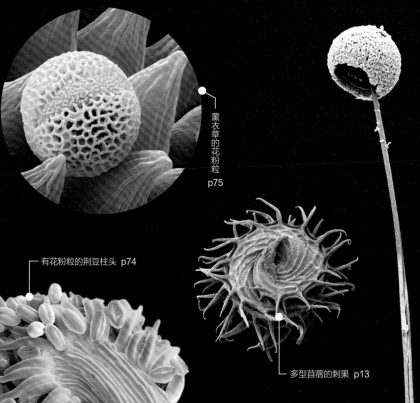

薰衣草的花粉粒 p75

有花粉粒的荆豆柱头 p74

多型苜蓿的刺果 p13

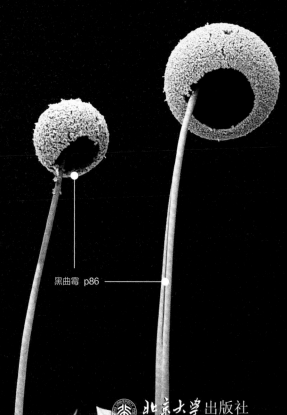

黑曲霉 p86

北京大学出版社
PEKING UNIVERSITY PRESS

著作权合同登记号 图字：01-2018-3219

图书在版编目 (CIP) 数据

科学之美.显微镜下的植物 /（英）科林·索尔特 (Colin Salter) 著;
刘夙译 .— 北京：北京大学出版社，2020.12
ISBN 978-7-301-31748-8

Ⅰ .①科… Ⅱ .①科… ②刘… Ⅲ .①植物—普及读物 Ⅳ .① N49
② Q94-49

中国版本图书馆 CIP 数据核字 (2020) 第 195082 号

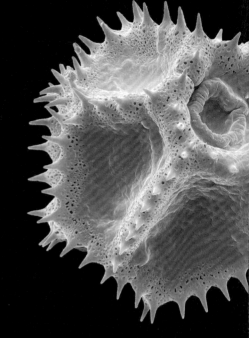

Copyright © Batsford

First published in Great Britain in 2018 by Batsford

An imprint of Pavilion Books Company Limited, 43 Great Ormond Street, WC1N 3HZ

书　　　名	科学之美·显微镜下的植物	
	KEXUE ZHI MEI·XIANWEIJING XIA DE ZHIWU	
著作责任者	〔英〕科林·索尔特（Colin Salter）著　刘　夙　译	
责 任 编 辑	刘清愔　张亚如	
标 准 书 号	ISBN 978-7-301-31748-8	
出 版 发 行	北京大学出版社	
地　　　址	北京市海淀区成府路 205 号　100871	
网　　　址	http://www.pup.cn　新浪微博：@ 北京大学出版社	
微信公众号	科学与艺术之声（微信号：sartspku）	
电 子 信 箱	zyl@ pup.pku.edu.cn	
电　　　话	邮购部 010-62752015　发行部 010-62750672　编辑部 010-62750539	
印 刷 者	北京九天鸿程印刷有限责任公司印刷	
经 销 者	新华书店	
	889 毫米 ×1194 毫米　16 开本　12.25 印张　300 千字	
	2020 年 12 月第 1 版　2020 年 12 月第 1 次印刷	
定　　　价	128.00 元	

目 录
Contents

扉页对页图：满江红的表面（扫描电镜照片）

满江红属（*Azolla*）是水生蕨类，漂浮在水面上，并不扎根于土壤。相反，它们会如这张照片中所显示的，从圆锥状细胞那里向四面八方伸出根，从水里汲取营养。满江红不靠种子繁衍，而是一边生长一边分裂成片。因为满江红可以把空气中的氮固定下来，在印度的稻田中，人们把它用作肥料。（宽为 10 厘米时，放大 70 倍）

左图：菊苣的花粉（扫描电镜照片）

每一种植物的花粉都是独特的。植物学家会在显微镜下检查花粉，由此来给植物分类或鉴定植物。对法医学家、考古学家和古生物学家来说，这种鉴定格外有用。花粉由种子植物的雄性个体产生，当它遇到一株合适的雌性植物的子房时，就会产生精子。有些植物是自花传粉，它们的花粉会传播到同一朵花的子房里。（宽为 10 厘米时，放大 1500 倍）

序言   7

药用植物—食用植物—植物的视角—播种—光学显微技术—电子显微技术

显微镜下的种子   11

野花和禾草的种子集锦—芥子—多型苜蓿的刺果—种子正在发育的罂粟子房—玉米的种子—罂粟的果实—玻璃苣的种子—仙人掌类的种子—琉璃繁缕的蒴果—酢浆草的种子—繁缕的种子—麻风树油—蕨类的孢子囊—花菱草的种子—黑种草的种子—榆树的种子—荠菜的果荚—毛地黄的种子表面—野胡萝卜的种子—北美红杉的种子—山庭荠种子的毛—木贼的孢子囊穗—木贼的孢子—萌发的种子—埃及棉的纤维—蒲公英的冠毛

显微镜下的花粉   47

单子叶植物和双子叶植物花粉的集锦—亚洲百合的柱头细节—百合的花粉—在罂粟柱头上萌发的花粉粒—向日葵的传粉—牵牛花的花粉—花粉粒—天竺葵的花粉—秋狮苣的花粉—香茅天竺葵的花瓣和花粉粒—耧斗菜的花粉粒—木瓜的花粉—还阳参的花粉—月见草的花粉—非洲堇的花粉管—百合的花药—雏菊的花粉—龙钟花的花粉—油点草的花粉—蜜蜂的腿—嘉兰的花粉—有花粉粒的荆豆柱头—薰衣草的花粉粒—鸢尾的花粉—茄子的花粉粒

显微镜下的子实体   79

　　鳞伞的孢子—面包霉的分生孢子—黏菌的石灰质结晶—黏菌的孢子—毛头鬼伞的孢子—黑曲霉—烟曲霉—松露—皮肤癣菌—马勃的孢子—蝴蝶翅膀的鳞片和孢子—白粉菌—锈菌的孢子—蘑菇的褶帽—鸟巢菌

显微镜下的木和叶   99

　　落叶松的木材—榆树的茎—澳洲朱蕉的茎—北美红杉的木质部—樟树叶的表面—油橄榄叶的鳞片—玉兰木—槐叶蘋—落叶松的年轮—红栎的叶—西洋接骨木的叶表—一种巴西藤类—日本扁柏的茎—松针—化石木—桐叶槭的茎—藓类的叶—泥炭藓—滨草的叶—毛被—花烟草的叶—大麻叶的毛被

显微镜下的花   127

　　欧洲油菜的花瓣—鸢尾的花芽—西番莲的花芽—新疆白芥的花瓣—鸡屎藤的花—钝叶车轴草—月季的花瓣—月季花瓣的香味细胞—兰花的花瓣—水薄荷花的细胞—缬草的花瓣—茄子的花瓣—繁缕花的雌蕊—香叶天竺葵的叶—哨兵峰双距花—月季的雌蕊—玫瑰茄花的传粉—毛茛花的雌蕊—向日葵的胚珠—三色堇的花瓣—蔓长春花的花瓣表面—花的心皮—毛茛根的横切面—毛地黄的生殖器官—桂竹香的花芽

显微镜下的蔬菜   159

　　马铃薯的淀粉粒—洋葱鳞茎的表皮细胞—菜椒的叶—花椰菜的花序—芹菜的茎—野胡萝卜的种子—番薯的根—马铃薯叶的横切面—植物细胞的有丝分裂—蚕豆的幼根—豌豆的茎—豌豆细胞中的叶绿体—洋葱组织中的草酸钙晶体—菜豆—大豆—甘蓝根部的感染

显微镜下的果实   181

　　苹果树上的真菌—凤梨的叶—白葡萄—马芹的果实—梨中的石细胞—草莓—番茄—苹果梗

中外文译名对照表   190

图片来源   193

序言

在这套丛书的另外两册《科学之美·显微镜下的人体》和《科学之美·显微镜下的疾病与医学》中，我们已经通过精致的细节看到了人体的运作机理、可能出的毛病和让其恢复正常的方法。我们就寓于如此高度复杂的"机器"中。人体自我维持和修复的能力令人惊叹；而在我们的身体自己解决不了问题时，我们的医学专业展现出了让人称奇的治疗本领。

在本书中，我们转而关注植物世界。这个世界里栖息的生物与我们非常不同，但同样精致复杂。我们要打量的不再是单独一个种——智人 *Homo sapiens*，而将是 25 万多个种；多亏了它们，我们才能存在。在我们人类诞生之前，这些植物就已存在。成片的史前森林从大气中吸收碳，让空气适合我们人类和其他种类的动物呼吸，从而能让人类演化出现在这个样子。植物调节着我们的环境，也调节着它们自己的环境。有了植物，这个世界便处在平衡之中；而不管是本地的湿地还是遥远的雨林，如果我们毁灭了植物的生境，我们自己也将处于危险的境地。

植物带给我们的不只是我们呼吸的空气。通过一次次试错，或者也可能通过本能，我们的祖先发现了哪些植物好吃，哪些植物可以治疗疾病，哪些植物能够用于构建庇护场所、纺织或有其他用处。澳洲朱蕉又长又宽的叶子是铺设房顶的好材料，有些地方的文明也用它们来纺织，制成仪式服装。凤梨带刺的叶子曾用于造纸，而马来半岛的省藤属 *Calamus* 棕榈藤的茎更是有多种用途，既可以用于体罚，又可以制作家具。

药用植物

在"科学之美"丛书的另外两册中，我们谈到了植物的医药用途。很多动物在生病时，凭本能可以知道要吃什么植物治病。毫无疑问，人类在演化过程中也具有同样"不假思索"的本能。植物是最早的"药房"，草药疗法也是最早的医学；从史前时代开始，一直到 19 世纪，它都是医疗的主要方法。

现代世界的医药工业所开发的药物，已经远远超越了草药柜里的东西。大多数现代药物是人工合成的，但是仍有一些在传统医学中使用的植物，化学分析表明，其中所含的化合物也非常适合用来治疗这些植物传统上所治疗的那些疾病。为人熟知的例子是阿司匹林，这种消炎药就衍生自柳树叶和树皮中的化合物。低矮的蒲公英所含的药用物质已知可以降血压和消炎，还可以起到利尿作用。如今正有一些研究，想要确定蒲公英在抑制肿瘤细胞生长、减缓阿尔茨海默病发展方面的功效。

如今，植物药大多仍然只在边缘的传统医术中发挥作用。产值以十亿美元计的医药公司对促进植物制剂的应用毫无兴趣；比起这些公司自己的产品来，获取植物制剂更为容易，也比较便宜。科学时代的社会压力也让人们不会考虑用植物药来治疗。比如人们认为出于消遣或振奋精神使用大麻的行为应受刑罚，这便妨碍了有关其药用价值的研究。然而，已有证据表明，大麻能够有效地缓解疼痛、恶心以及多发性硬化之类的神经系统疾病。

食用植物

我们今天所吃的水果、蔬菜和谷物，都是数千年驯化的产物——农民们不再只是从野外采集植物，而是把种子成列播下，然后挑选出其中个头最大、最适合食用的品系，再把不同品系相互杂交，获得更高产量。

如今，为了获取更高产量，我们又有了基因修饰（转基因）植物。转基因仍是一种有争议的技术，物种本来是天然演化出来的，需要经历成千上万年，但现在人类在"扮演上帝"，迅速创造着新物种。不过，虽然我们还不完全清楚把这些造物释放到环境中会造成什么样的后果，但它们确实是对我们需求的回应。随着全世界人口的增长，我们人类占据了越来越多的地表空间，农业用地也越来越少。我们需要更多食物，但用来种植农作物的土地却更少了。因此，我们的农田、果园和大棚都必须变得更为高产。也许是对引进转基因作物的回应，"自己种植"运动正在复兴：有人在厨房窗台上栽种芳香植物，也有人见缝插针，在废弃的城市用地上开辟菜园。如果你没法自己种植，去野外采集也是另一种越来越流行的做法。一旦你自信能把可食用的野生植物鉴定出来，那么它们就在那里等着你去采摘——当然，首先，你采摘的得是不受法律保护的植物；其次，你得非常确定你采的是真正的美味，比如说野胡萝卜 *Daucus carota*，而不是与它非常相似却有毒性、能致死的毒参 *Conium maculatum*。

植物的视角

不管是当成饭食、药物还是工业原料，我们人类都要大大感谢植物的赐予。除了这些实用的用途外，我们还会纯粹为了植物的美感，而试着在花园中驯化它们。但是，也请从植物的视角来打量它们吧。它们有用和迷人的特性其实都不是为了我们人类的利益。植物和所有生物一样，在演化的时候只"考虑"过两件事：自己活下去，以及让它所属的物种永远活下去。这本书赞颂的正是植物解决这双重生存问题的方法。

大多数植物因为有根和叶，而能让自己活下去。根从它们所生长的土壤中汲取水分和一些营养，对于满江红之类的植物来说，则是从它们所漂浮的水体中吸收水分和营养。从根开始，有一个由细胞构成的特殊管道系统，把水向上运送到需要它的地方。对于像蒲公英这样低矮的植物来说，这个系统似乎还不见得有多厉害——但是请想一下北美红杉吧，为了把水输送到它最顶端的枝条，它需要把水垂直提升 380 英尺（约 115.8 米）。植物还必须给叶提供营养，这样它们才能发挥功能，保证植物的健康和生长。叶含有叶绿体，它们是非凡的结构单元，可以进行光合作用。通过光合作用，植物利用阳光来从空气中提取碳，把它转化为有用的糖类；糖类再通过另外一些管道分配到植物全株，从而促进它的生长。

虽然叶和根维持着植物的健康和生长，但物种永存的任务却由花来承担。花是植物的生殖器官，可以是雄性、雌性或两性。正是在花这里，大自然引入了最为超凡的多种技术，以确保花能受精、种子能散播。花必须以某种方式保证产生精子的花粉与产生卵的子房能成功会合。植物通常要谋求昆虫界的帮助，并用尽一切自身形态——花形、花色、气味、花蜜，甚至还有人眼不可见的斑块——来把正确的传粉者吸引到花的正确位置。

播种

受精卵会变成种子，花朵的下一个任务就是把种子散播得尽可能远而广。因为植物扎着根不能动，它们要依赖其他的机动力量——一阵风、路过的动物、流水……来运送自己的潜在后代。为了让种子能到达它应该去的地方，植物可以利用降落伞、爪钩或"投石机"，也可以只利用重力。植物还可以结出足以引诱动物采食的果实，从而让动物消化不了的种子在数日之后通过它们的粪便排出。

在这些散播后代的方式中，最巧妙、或者说最听天由命的办法，一定非鸟巢菌[①]莫属。这些真菌在它们杯状的"巢"中含有硬币般的孢子小包，为了散播孢子，鸟巢菌仰仗于非常小的机遇，能让一滴沉重的雨滴以恰当的角度落在它的"巢"上。当这样的雨滴以足够的力度砸下时，可以把小包推过"巢"边，"巢"飞入空中，再着陆在远达 3 英尺（约 0.9 米）开外的地方。有一种游戏是用大塑料圆片压小塑料圆片，让它们跳入桶中；鸟巢菌的孢子传播，就像把这种游戏反过来玩。

这些现象，是智慧设计的证据，还是可以用来说明随机的演化过程会造成有悖常理的复杂性？不管你倾向于哪种观点，本书都希望以植物学的方式向你展示植物在克服它们面对的日常难题时所采取的创新性方案。凑近观看，植物在微观上的巧妙构造是一个充满科学奇迹的世界。而科学也正像花朵一样美丽。

如果对这些照片的拍摄方法做个简介，相信会对读

---

① 除了植物，本书还介绍真菌。—— 编者注

有帮助。你会在每一幅显微照片旁边看到有关它是何种类型的照片的说明。显微照片呈现了微观细节，它有几种不同的拍摄方式。本书中的照片都是通过以下两种神奇的技术拍摄而成的。

光学显微技术

光学显微照片是用光学显微镜拍摄的。光学显微镜是传统显微镜，在 16 世纪即已发明，它用透镜来放大自然光或人工光下可见的样品。当光照到物体上时，会被物体表面反射，具体情况取决于物体表面的颜色、质地以及光照角度。反射光可以直接进入人眼，或者（在拍摄光学显微照片时）通过光学显微镜的透镜进入人眼。在人的眼球里面有光敏细胞收集光线。大脑把这些细胞收集到的形状、大小以及颜色、质地等信息做一番加工，让我们产生观感，这就是我们所熟悉的视觉活动。光学显微镜视物的方式多少有些像人眼；它只是把图像放大了而已。

荧光也可以用来展示看不见的细节。生物样品中的一些特殊成分可以用能发荧光的化学物质染色，在光的某些狭窄波段可以看到这些化学物质。此方法拍出来的是荧光显微照片。

在 17 世纪后期，光学显微镜成为科研工具，到今天仍然是观察微小物体的最简单、技术含量最低、花费最少的工具。自从光学显微镜发明以来，400 年间它在本质上几乎没有变化。最大的创新，是用于观察样品的光的类型有了变化。比如在生物样品后面放置偏振光源，可以揭示出特别的颜色和结构图案，其原理与偏振光太阳镜是一样的。

电子显微技术

20 世纪伊始，科学家开始研发一种不同于光学显微镜的高科技设备。第一台电子显微镜（简称"电镜"）出现于 20 世纪 30 年代。电镜不借助光线观察，取而代之的是从电子枪发射的一束电子。电镜也不用透镜，而是使用电磁铁来让电子束偏转，就像玻璃透镜让光线偏转一样。如果电子束足够密集，人们便有可能看到比利用光线时所见的场景还要精细的细节——换句话说，就是

可以看到肉眼看不到的东西。电镜有两种类型：透射电镜（TEM）和扫描电镜（SEM）。正如名字所示，透射电镜发射的电子是透射性的——也就是说它们会穿透所研究的材料。因为电子会穿过样品，也就因此会受样品影响，正如穿过彩色玻璃的光会受到玻璃影响一样。正是电子受影响的方式，让透射电镜可以生成样品的图像，就像穿过彩色玻璃窗的阳光可以让我们看到玻璃窗上设计的整幅彩色作品一样。透射电镜的图像是在材料的后端收集到的，为此既可以使用专门的相机，又可以使用荧光屏。

与此相反，来自扫描电镜的电子不会穿过样品。扫描电镜发射出的电子会以网格的方式扫描样品。电子与材料中的原子相互作用，之后材料会发射出另一些电子（二次电子）作为反应。这些二次电子会从很多方向发射出来，随样品的形状和成分不同而不同。扫描电镜可以探测到二次电子，把这些来自二次电子的信息与最初发射的扫描电子的详细情况结合，便可以生成一张扫描电镜显微照片。

因为电子必须穿过材料，透射电镜只能用于拍摄非常薄的材料样品。扫描电镜则可以处理厚得多的材料，所获得的照片可以展现较大的景深。然而，透射电镜有更大的分辨率和放大倍数。这些数字令人难以置信：透射电镜可以揭示出宽不到 50 皮米（5×10^{-9} 厘米）的细节，并把它们放大 5000 万倍以上；扫描电镜则可以"看到"大小为 1 纳米（1000 皮米）的细节，把它们放大到 50 万倍。相比之下，普通的光学显微镜只能展示出大于 200 纳米（是透射电镜 50 皮米显示下限的 4000 倍）左右的细节，能够提供的有用而无畸变的放大倍数至多只到 2000 倍（放大倍数只有透射电镜的 25000 分之一）。

你在本书中看到的大多数显微照片都染了颜色，这些颜色有时候称为"伪彩色"。这可以让照片在展示时能看得更清晰，也更美丽。虽然这些照片这么美，但是大多数植物并不是你在这里见到的这种五颜六色的，至少它们自身不是。然而，植物的确是极为复杂精致的作品，它们为了生存和繁衍而运用令人赞叹的植物工程技术创造奇迹。看过本书，相信你再打量水果、花卉和蔬菜时，会有不同的眼光。

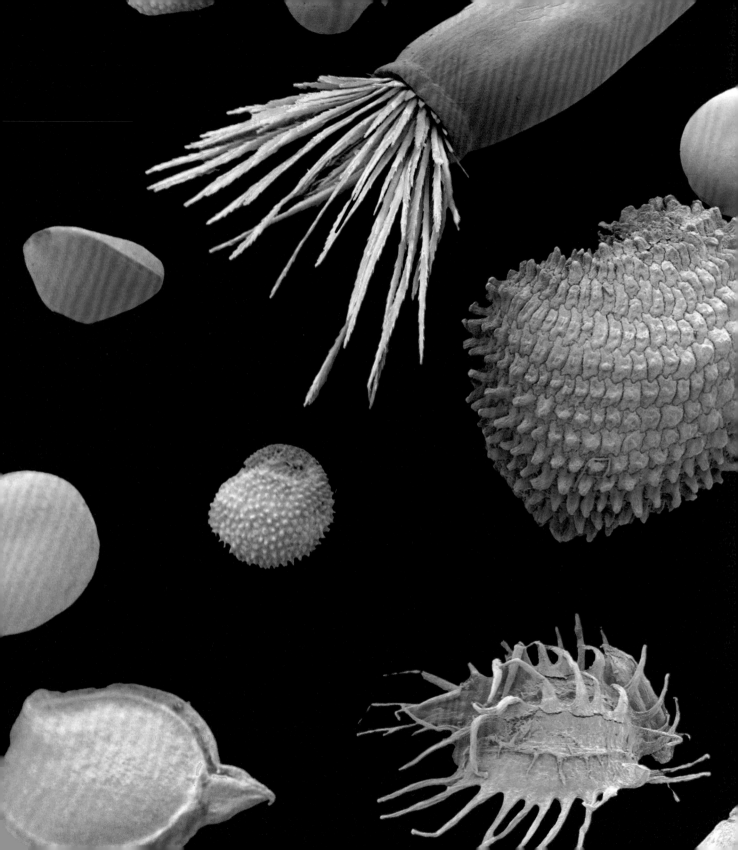

显微镜下的
种 子

篇章页：野花和禾草的种子集锦（扫描电镜照片）

种子有各种形状和大小。不是所有植物都有种子，那些有种子的植物可分为两大类：被子植物和裸子植物。被子植物是开花结果的植物，它们的种子包在硬化的外壳中。裸子植物（名字来自古希腊语，意为"裸露的种子"），例如所有针叶树，则没有这层外壳。这幅人工着色的图像展示了多种被子植物的种子，这样混合的种子在市场上有售，可以种出野生草甸植物，其中包括多种野花和木草。（宽为 10 厘米时，放大 200 倍）

上图：芥子（扫描电镜照片）

很多人都在孩提时代用打湿的吸墨纸把芥子种出幼苗，由此初步接触植物学。芥子在凉爽的空气中易于萌发，它们原产于地球上的很多温带地区。芥子主要来自 3 种植物，它们都是芸薹属的成员，这个属还包括卷心菜、西蓝花和花椰菜等种。直径 1 毫米的芥子富含维生素和矿物质，碾成粉末、与水或醋混合之后，就成为调味用的芥末。（宽为 10 厘米时，放大 25 倍）

右图：多型苜蓿的刺果（扫描电镜照片）

种子演化出了多种方式来增大它们散播的机会，比如靠风散播，或通过动物的消化系统来散播。多型苜蓿的种子被包在长有尖锐钩刺的外壳中，这就是刺果；当有动物被这种植物可食的叶子吸引而来时，刺果就贴附在它们的皮毛上。动物离开之后，最终会把刺果抖落在另一处地方，这就让多型苜蓿有了较广的散播范围。像这样的刺果，是发明通过钩和圈来黏合的魔术贴的灵感来源。（宽为 10 厘米时，放大 5 倍）

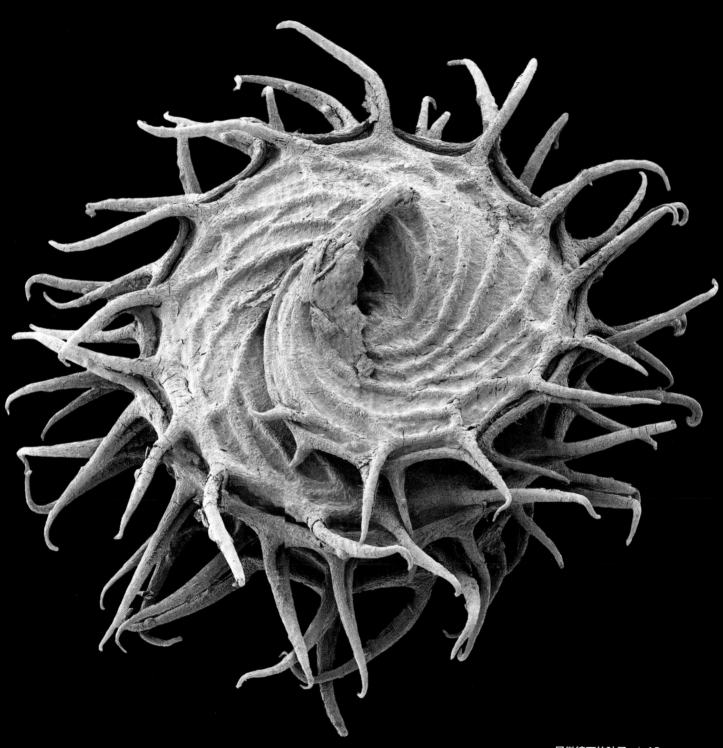

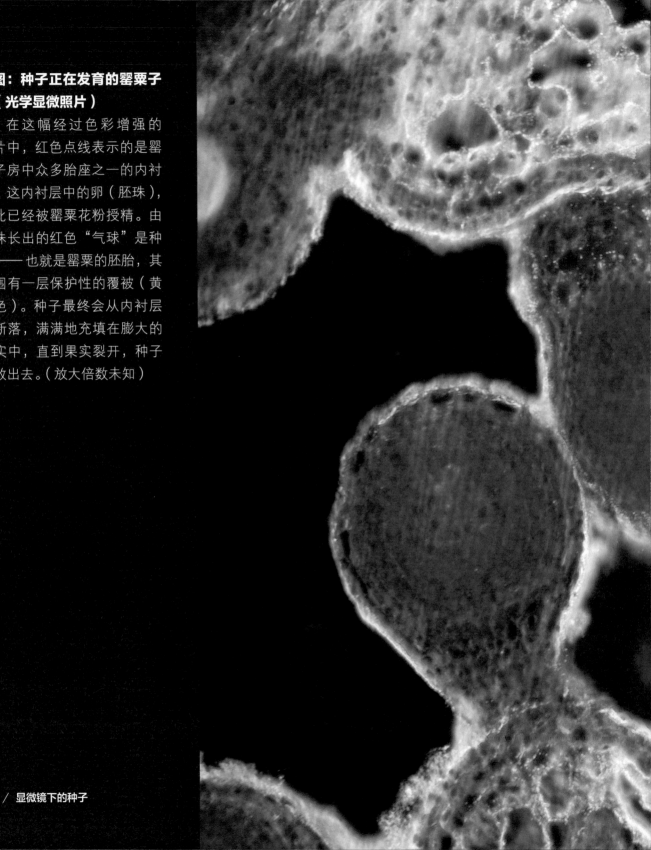

右图：种子正在发育的罂粟子房（光学显微照片）

在这幅经过色彩增强的照片中，红色点线表示的是罂粟子房中众多胎座之一的内衬层。这内衬层中的卵（胚珠），在此已经被罂粟花粉授精。由胚珠长出的红色"气球"是种子——也就是罂粟的胚胎，其周围有一层保护性的覆被（黄绿色）。种子最终会从内衬层上断落，满满地充填在膨大的果实中，直到果实裂开，种子被散出去。（放大倍数未知）

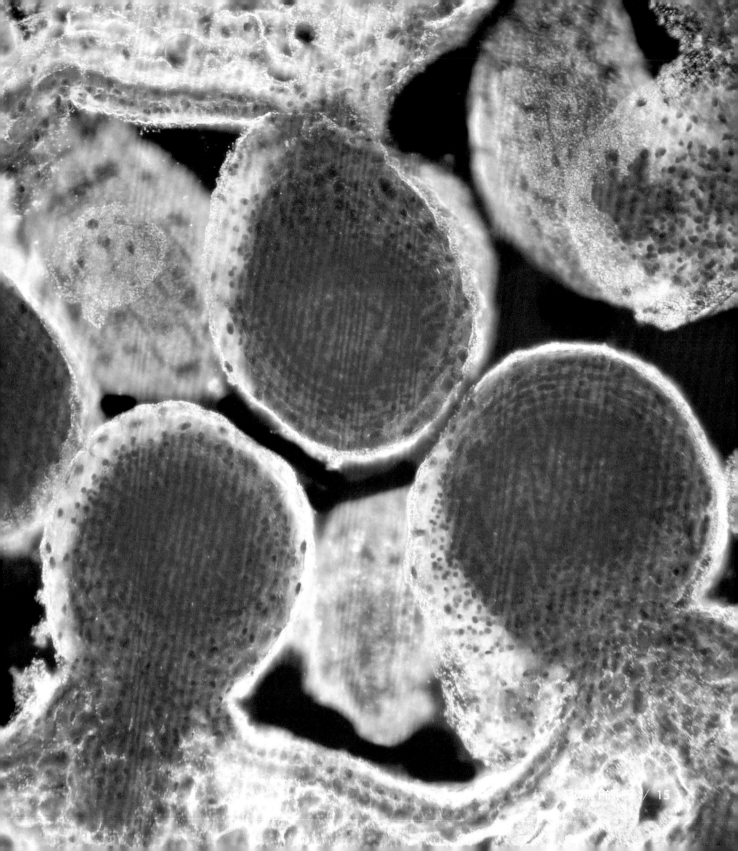

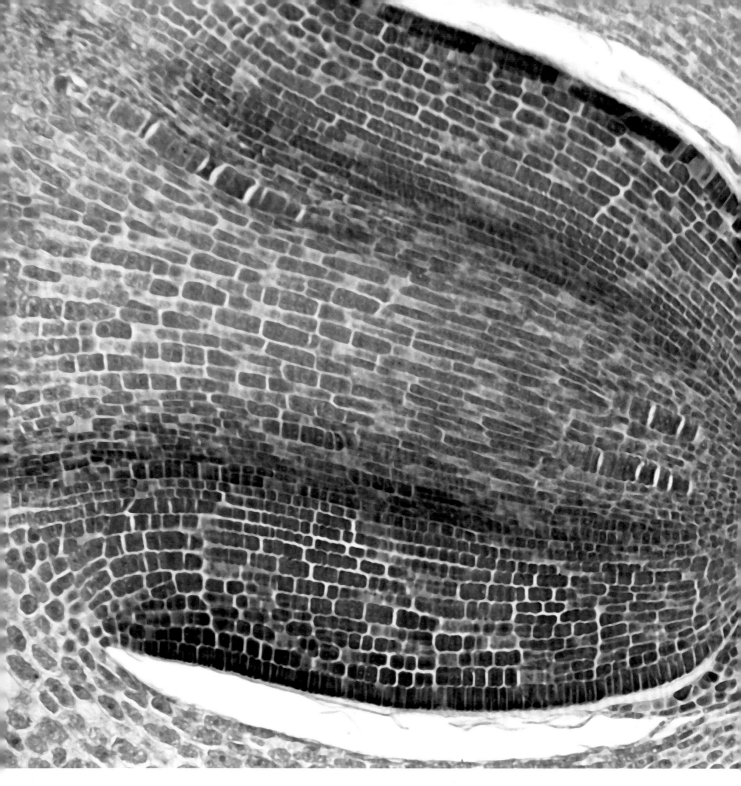

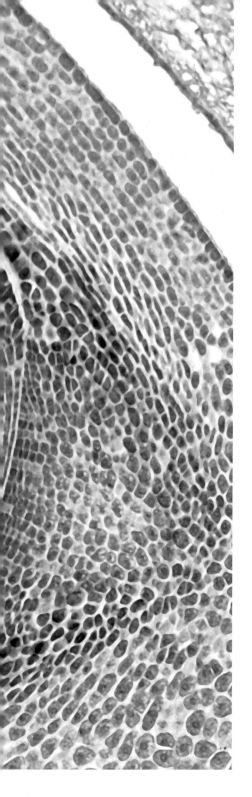

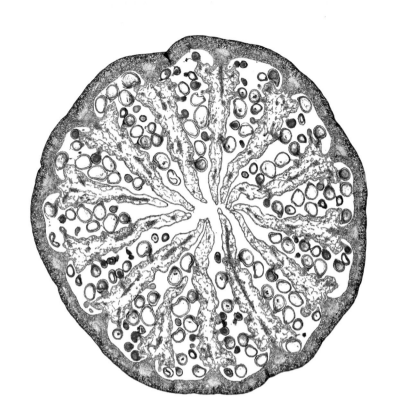

左图：玉米的种子（光学显微照片）

这幅玉米种子的横切面照片展示了其萌发的极早期。在右下角，胚根正在向外伸，由它将会发育出新植株的根。一旦根长出来，下胚轴就会向相反的方向扩张，把种子顶出地面。茎、胚胎叶（子叶）会从那里开始长出，最后长出第一片真正的叶。（宽为 10 厘米时，放大 50 倍）

上图：罂粟的果实（光学显微照片）

在这张横切面照片中，罂粟果实粗厚的果壁内生有 13 条舌状的屏障，叫作隔膜；它们朝向果实中央，但刚好不在中心会聚。在这些隔膜上覆盖着胎座，罂粟的胚珠就在胎座（红色小圆圈）上发育。在受精的胚珠中，有一些会在里面发育出种子：你可以看到其中的胚乳，是哺育罂粟新植株的胚的营养物质。（宽为 10 厘米时，放大 5 倍）

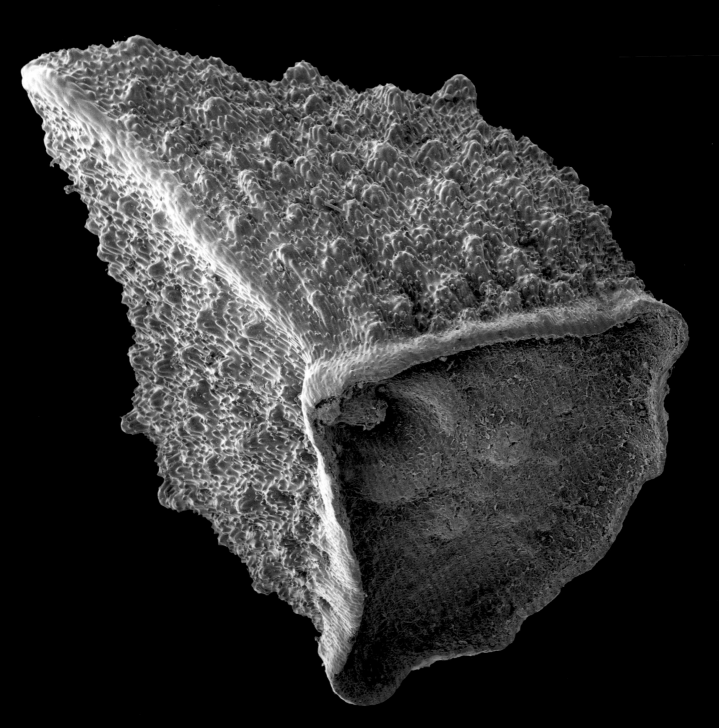

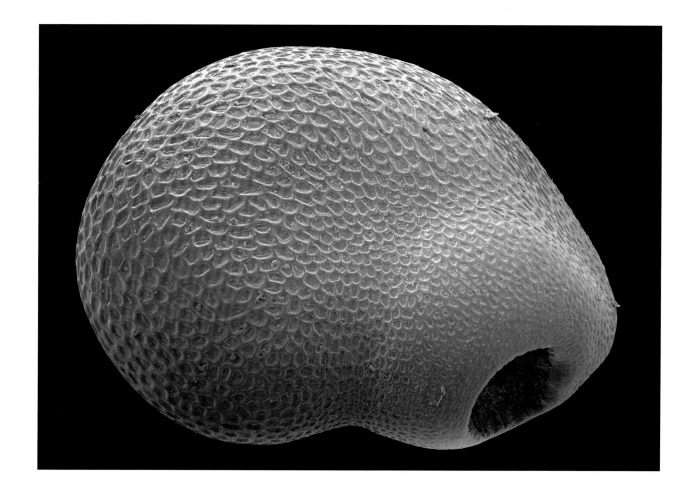

左图：玻璃苣的种子（扫描电镜照片）

　　一些种子是扁平的，另一些是圆的，还有一些种子——比如这粒玻璃苣种子——的形态似乎是为了在落地时能扎进地面。玻璃苣种子中的油含有丰富的 γ-亚麻酸，这种脂肪酸也见于月见草油和黑加仑油。传统的本草学家用玻璃苣油来给多种病症开方，包括治疗糖尿病、类风湿性关节炎和心脏病的药，但几乎没有科学证据能表明它的有效性。（宽为 10 厘米时，放大 580 倍）

上图：仙人掌类的种子（扫描电镜照片）

　　仙人掌类植物属于仙人掌科，是植物中的一大家族。其大多数成员很好地适应了极为炎热干旱的环境，比如它们的叶就演化为刺，缩减了表面积，以免宝贵的水分通过其表面大量蒸发。仙人掌类的种子也受着保护，它们由深埋在花朵下面的肉质"茎"中的子房发育而成。通过采食果实的动物排泄粪便，这些种子便得到了散播。（宽为 10 厘米时，放大 830 倍）

左图：琉璃繁缕的蒴果（光学显微照片）

在英文中，琉璃繁缕 *pimpernel*，也叫 the shepherd's weatherglass，意为"牧人晴雨表"，因为当坏天气要来时，它的花瓣会闭合。当它的种子成熟时，包被种子的蒴果的顶部便弹开，把其中的种子散播到地上。Pimpernel 这个词意为"小胡椒"，如果被牲畜和人摄入体内则有剧毒。这种植物有一定的驱虫功效，它的德文名 Gauchheil 意为"愚人药"，也表明它可以用在一些传统草药中，作为治疗心理疾病的药物。（宽为 10 厘米时，放大 40 倍）

在英文中，酢浆草叫 the wood sorrel，意为"森林酸模"，是说这种低矮的植物可以在森林地面上交织成绿毯，但是它与酸模这种植物并无亲缘关系，只是尝上去都是酸的罢了。酢浆草的花、种子和叶都含有草酸，吃上去有清爽感，并有清淡的柠檬风味。酢浆草类植物在全世界有 800 种左右，南北美洲的原住民长期把它们作为食物和药物来利用。包括块茎酢浆草在内的一些种，因为长有形如萝卜的块茎，而为人们所栽培。（放大倍数未知）

右图：繁缕的种子（光学显微照片）

繁缕被园丁和农民视为害草，因为这种植物的小巧的星状白花在凋谢之后很快就会结出大量种子。如果不加遏制的话，其植株的茎叶会织成厚厚的一层绿垫，让禾草和农作物难以生长。不过，繁缕本身也是一种农作物，富含铁元素，是制作沙拉的美味蔬菜。在日本 1 月 7 日的"七草节"那天，人们传统上要食用米粥，繁缕就是这种米粥的主要原料。（宽为 10 厘米时，放大 40 倍）

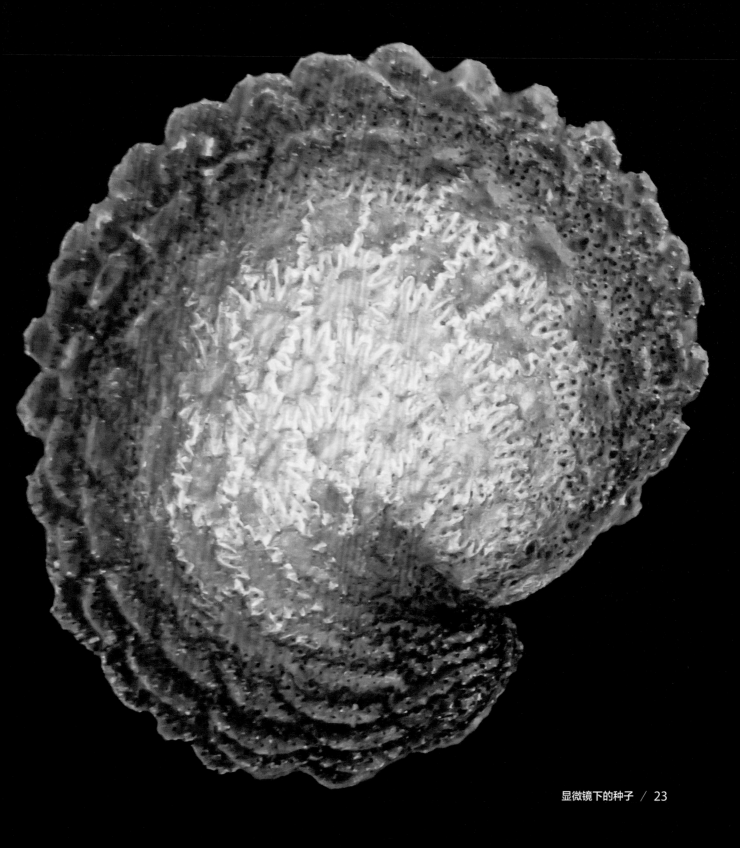

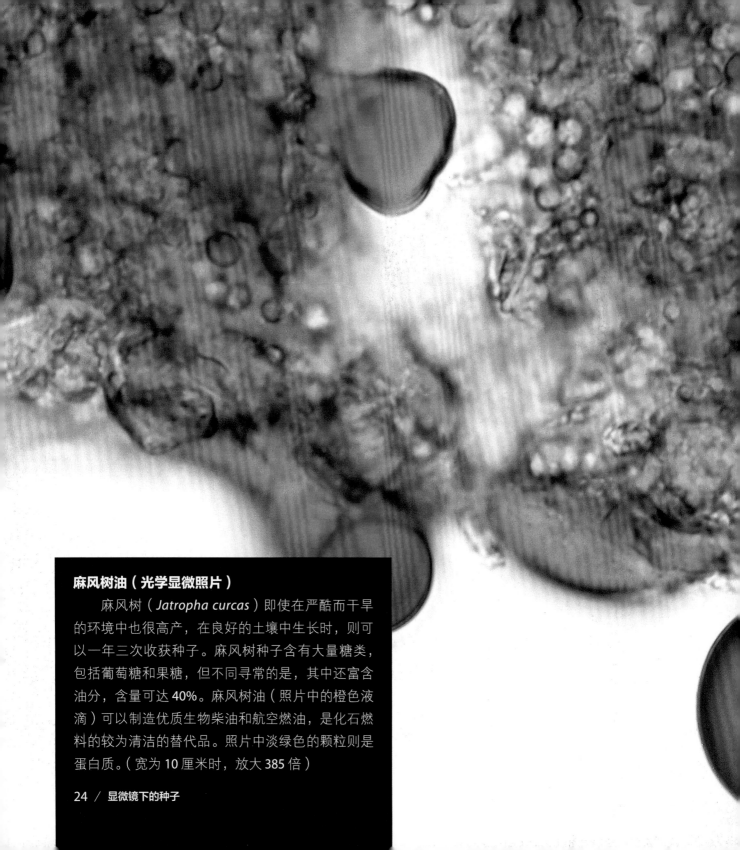

麻风树油（光学显微照片）

　　麻风树（*Jatropha curcas*）即使在严酷而干旱的环境中也很高产，在良好的土壤中生长时，则可以一年三次收获种子。麻风树种子含有大量糖类，包括葡萄糖和果糖，但不同寻常的是，其中还富含油分，含量可达40%。麻风树油（照片中的橙色液滴）可以制造优质生物柴油和航空燃油，是化石燃料的较为清洁的替代品。照片中淡绿色的颗粒则是蛋白质。（宽为10厘米时，放大385倍）

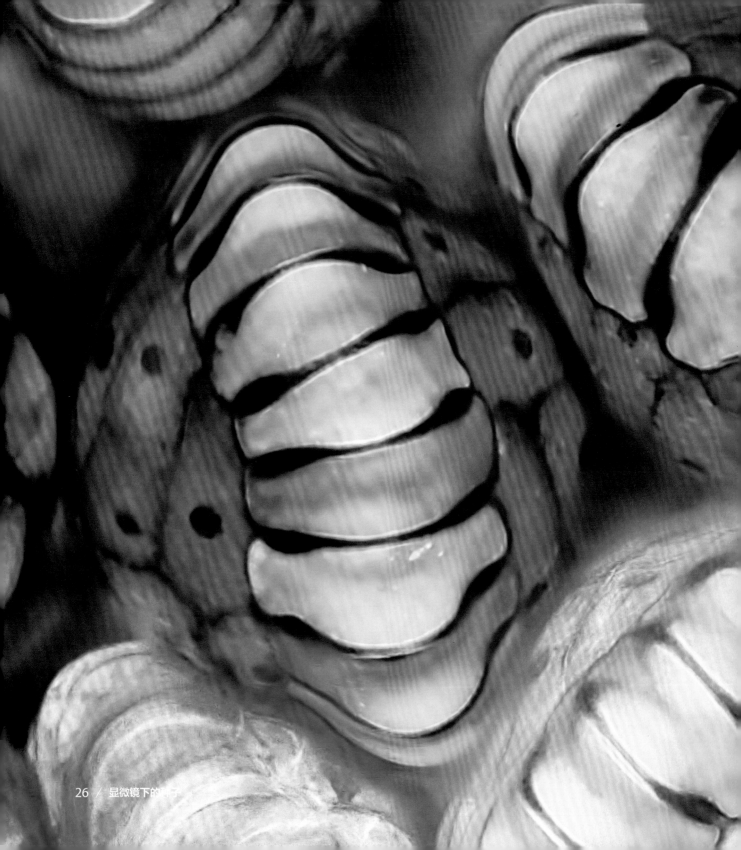

蕨类的孢子囊（荧光显微照片）

　　蕨类没有花和种子，它们的生殖周期分两个阶段。孢子（在这幅经过色彩增强的照片中为橙色）是无性的，发育于蕨叶背面的专门结构——孢子囊中；环绕孢子囊的是一圈坚实的细胞（绿色），它们可以让孢子囊打开，释放出成熟的孢子。这些孢子长成的不是常见的蕨类植株，而是在植物学看来结构很简单的微小植物体（原叶体），它们的特殊之处在于拥有性器官。原叶体在内部进行自我授精，产生的细胞长大又成为蕨株，这样就完成了一个周期。（宽为 10 厘米时，放大 223 倍）

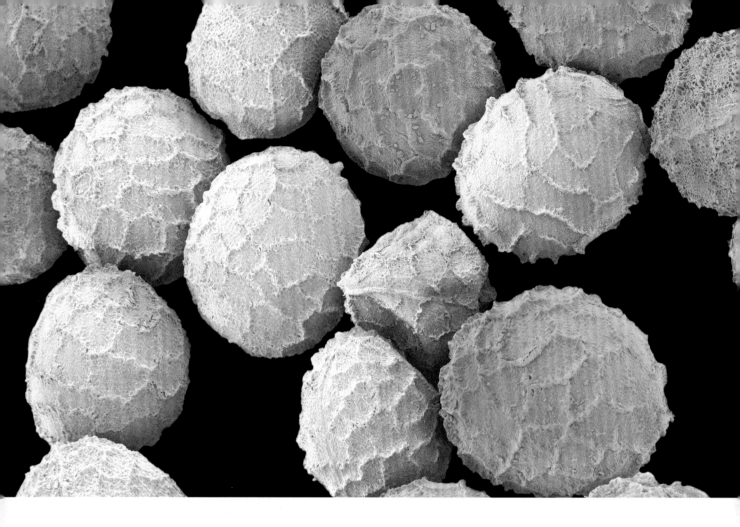

上图：花菱草的种子（扫描电镜照片）

花菱草的蒴果在成熟时裂为两半，把种子播下。种子就散落在母株周边，因此我们常能看到满是花菱草的田地和路边呈现出大片大片的颜色。1903 年，花菱草成为美国加利福尼亚州的州花。在洛杉矶附近有个花菱草保护区，每年都会被橙色的花朵完全覆盖。花菱草的植株提取物有温和的镇静功效。（宽为 10 厘米时，放大 18 倍）

右图：黑种草的种子（扫描电镜照片）

黑种草属 *Nigella* 的种子为微小的泪滴状，颜色是黑色（照片为人工着色），所以叫"黑种草"，其属名 *Nigella* 在拉丁语中也是"小而黑之物"的意思。这些种子发育于膨大的果荚中，当果荚变干燥，它们就从中掉落。因此，虽然黑种草是一年生植物，但是它看上去每年都会长在同一个地方。黑种草种子广泛用于烹饪，其辛辣风味让这类植物在英文中有了许多俗名，比如"黑孜然""茴香花"等。（宽为 10 厘米时，放大 1000 倍）

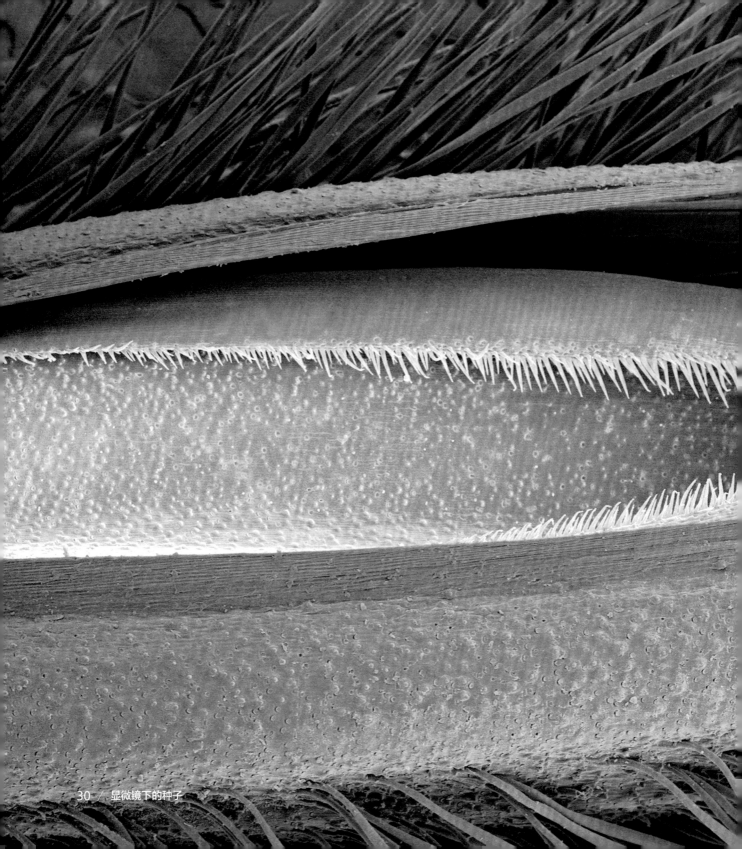

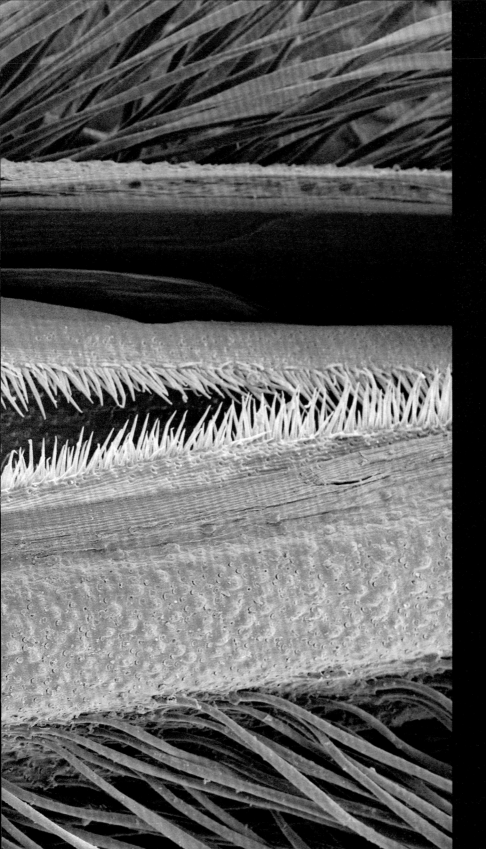

左图：榆树的种子（扫描电镜照片）

这幅照片展示了一枚受精的榆树子房正在逐渐展开，变成一个含有一粒种子的绿色薄盘（榆钱）。榆钱成簇生长，在树上慢慢变为褐色，最后被秋风吹离树梢。榆钱相对较大的表面就像帆，可以让风把它和它中心处的微小种子带到尽可能远的地方。像这样的种子，加上靠风来散播的"帆"，就叫作翅果——桐叶槭等槭树的果实也是翅果。（宽为 10 厘米时，放大 12.5 倍）

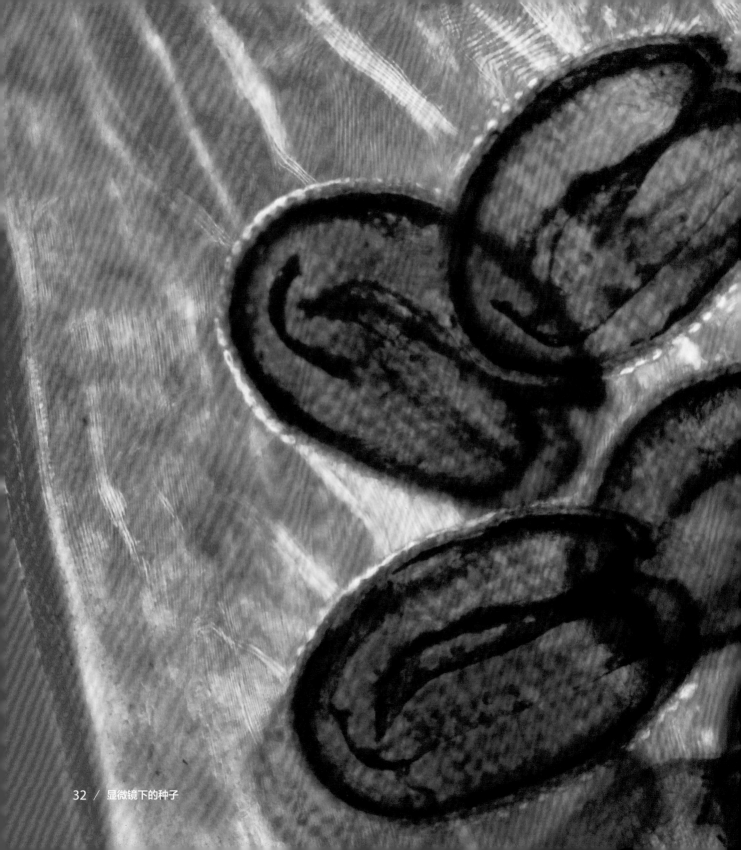

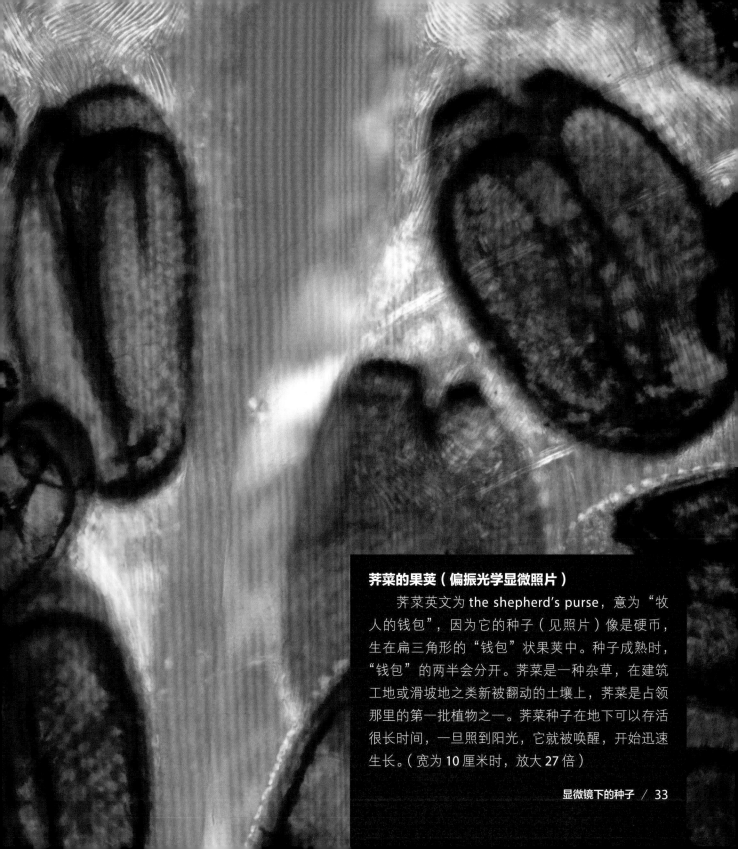

荠菜的果荚（偏振光学显微照片）

　　荠菜英文为 the shepherd's purse，意为"牧人的钱包"，因为它的种子（见照片）像是硬币，生在扁三角形的"钱包"状果荚中。种子成熟时，"钱包"的两半会分开。荠菜是一种杂草，在建筑工地或滑坡地之类新被翻动的土壤上，荠菜是占领那里的第一批植物之一。荠菜种子在地下可以存活很长时间，一旦照到阳光，它就被唤醒，开始迅速生长。（宽为 10 厘米时，放大 27 倍）

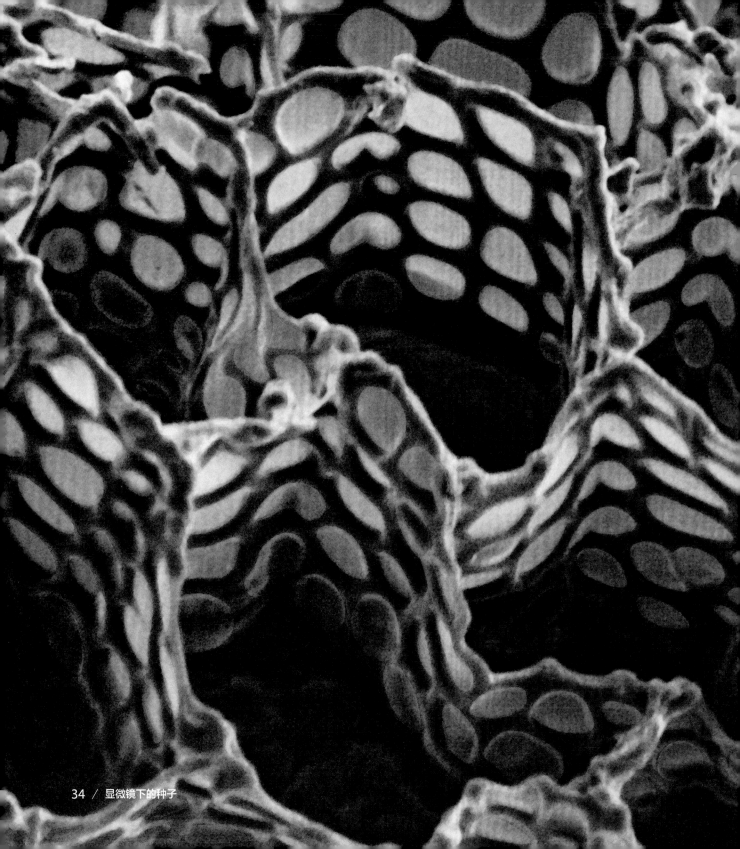

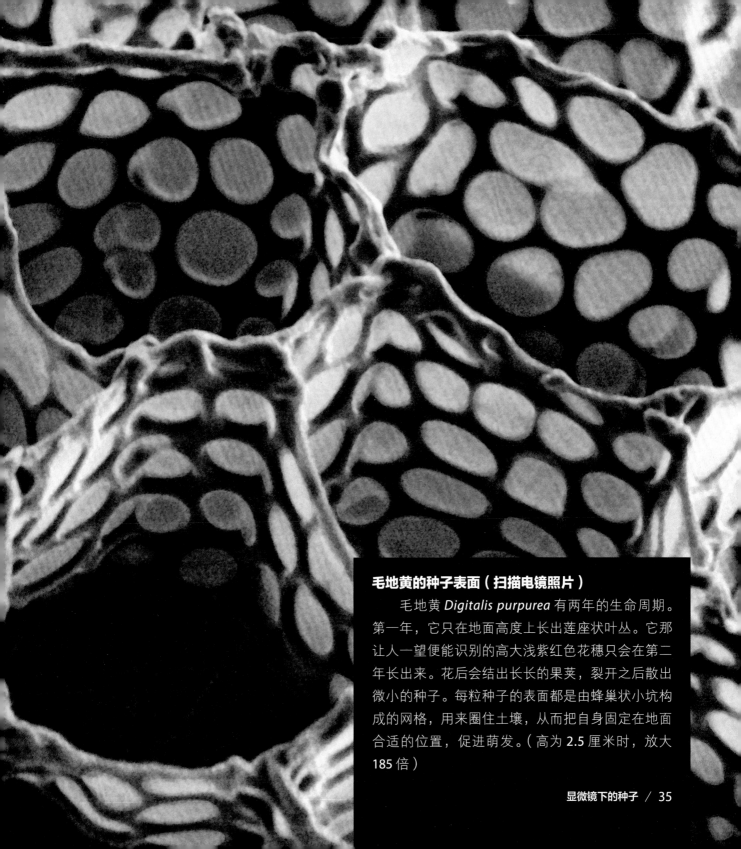

毛地黄的种子表面（扫描电镜照片）

毛地黄 *Digitalis purpurea* 有两年的生命周期。第一年，它只在地面高度上长出莲座状叶丛。它那让人一望便能识别的高大浅紫红色花穗只会在第二年长出来。花后会结出长长的果荚，裂开之后散出微小的种子。每粒种子的表面都是由蜂巢状小坑构成的网格，用来圈住土壤，从而把自身固定在地面合适的位置，促进萌发。（高为 2.5 厘米时，放大185 倍）

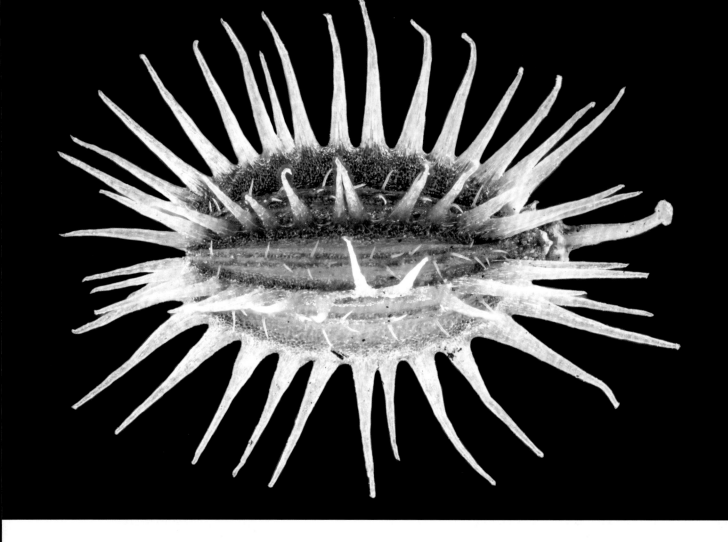

上图：野胡萝卜的种子（光学显微照片）

　　野胡萝卜在英文中有时也叫 Queen Anne's lace，意为"安妮女王的花边"。它的茎高 2 英尺（约 61 厘米），白色花朵簇生在茎顶，从上面俯视，就像一圈衣服花边。花簇中央有单独一朵红色花，可以吸引传粉昆虫，人们想象这是安妮女王用针刺破手指之后滴下的血。种子成熟时，花簇 —— 现在是果簇 —— 便弯卷成球状。当这果簇脱落时，它会在重力和风的作用下翻滚，这有助于种子的散播。种子在土壤中可以存活 5 年。（宽为 10 厘米时，放大 40 倍）

右图：北美红杉的种子（扫描电镜照片）

　　北美西部的两种红杉是世界上最大的树，树干宽达 30 英尺（914.4 厘米），高达 300 英尺（9144 厘米）。这两种树木虽然高大，但球果却很小，长约 1 英寸（约 2.5 厘米）。在球果每枚鳞片下方生有大约 5 粒种子，在球果成熟裂开时，它们会掉落。幼苗的存活率非常低，但是成年树木（有些已经有 2000 岁以上）却非常适应于气候变化和自然灾害。（宽为 10 厘米时，放大 55 倍）

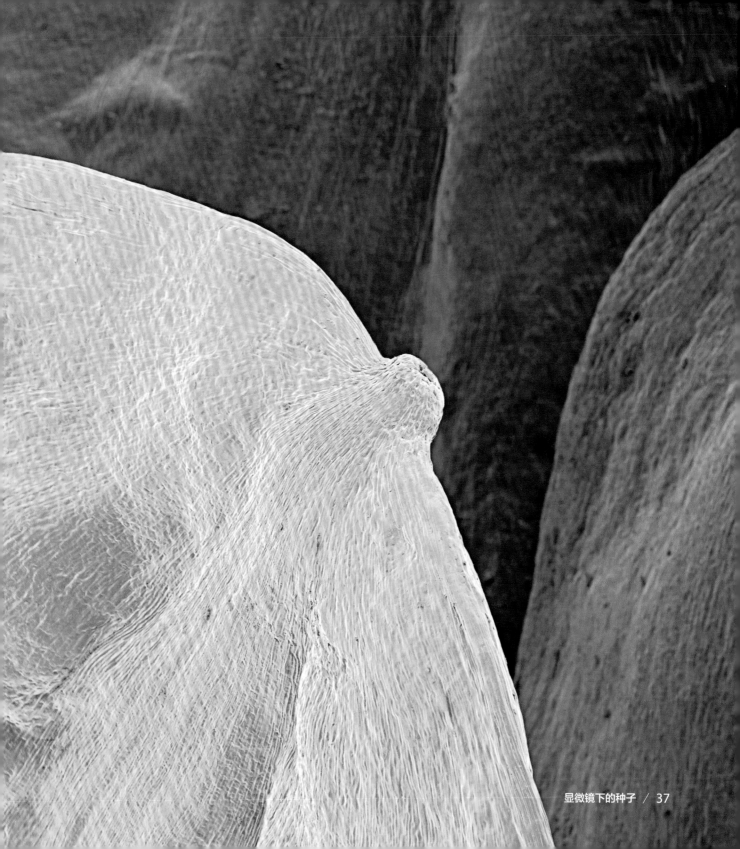

山庭荠种子的毛（偏振光学显微照片）

　　山庭荠 *Alyssum montanum* 是园丁熟悉的植物，这幅照片仿佛是用其种子的毛的图像制作的抽象画。在比谁散播得更广的竞赛中，很多种子发育了毛，可以借助风力，把自己带到更远的地方。山庭荠种子的毛很有用，这种低矮的野花为了扩张自己的地盘，需要利用所有能获得的帮助。当然，长着毛状物、靠空气散播种子的最著名的例子，还得数蒲公英。（宽为 10 厘米时，放大 27 倍）

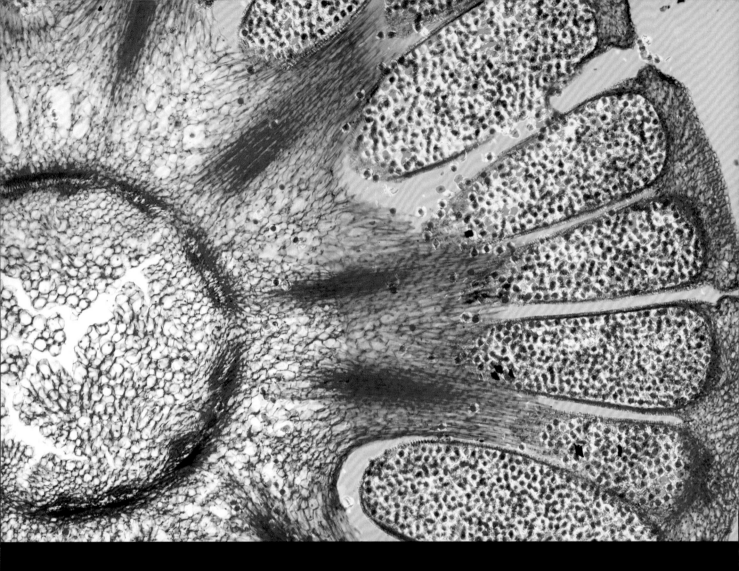

上图：木贼的孢子囊穗（光学显微照片）

　　木贼类植物，是 1 亿年前的一个史前植物大家族在今天仅剩的幸存者；它们的细胞中有一种独特的酶，据说可以限制细胞的大小。木贼粗糙的茎有时可以用来清洗金属锅碗，它的德文名意为"锡草"。木贼生殖靠的是孢子，而不是种子。它的孢子囊穗（照片中为其横切面）在中央茎秆的顶端生长，由几个堆叠在一起的孢子叶环构成，每枚孢子叶都生有几个孢子囊（照片中孢子为橙黄色）。（宽为 10 厘米时，放大 45 倍）

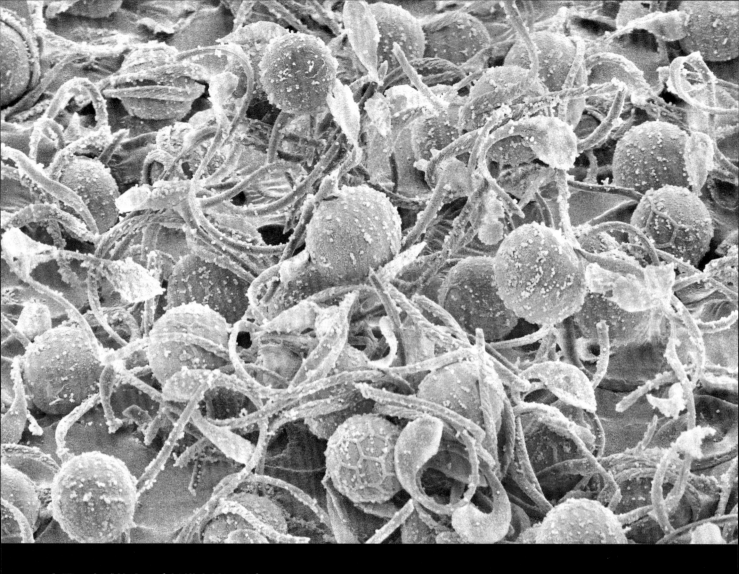

上图：木贼的孢子（扫描电镜照片）

　　有些史前的木贼类植物高大如树，但今天的木贼类最高只能长到 1 米左右。每粒木贼孢子都有 4 条螺旋形的细丝，叫弹丝，随着湿度变化伸展和收缩，帮助孢子从裂开的孢子囊（孢子发育的地方）中散出。一旦孢子落到地上，弹丝会继续运动，帮助孢子在地上爬行，甚

萌发的种子（扫描电镜照片）

照片从左到右展示了一株典型的幼苗的几个发展阶段。最先从种子中伸出的结构是胚根，之后从中会形成植物的根。第二幅照片中的那些细毛为种子提供了营养，供其早期生长之用。不管种子以什么姿势落地，胚根的生长总是只受重力的引导。最后，胚茎（胚芽）出露地面，其上生有一枚或两枚胚胎叶（子叶），由此开启光合作用过程。（宽为10厘米时，放大5倍）

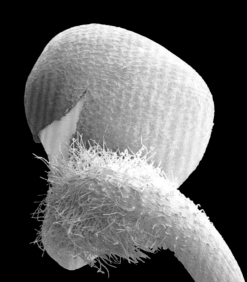

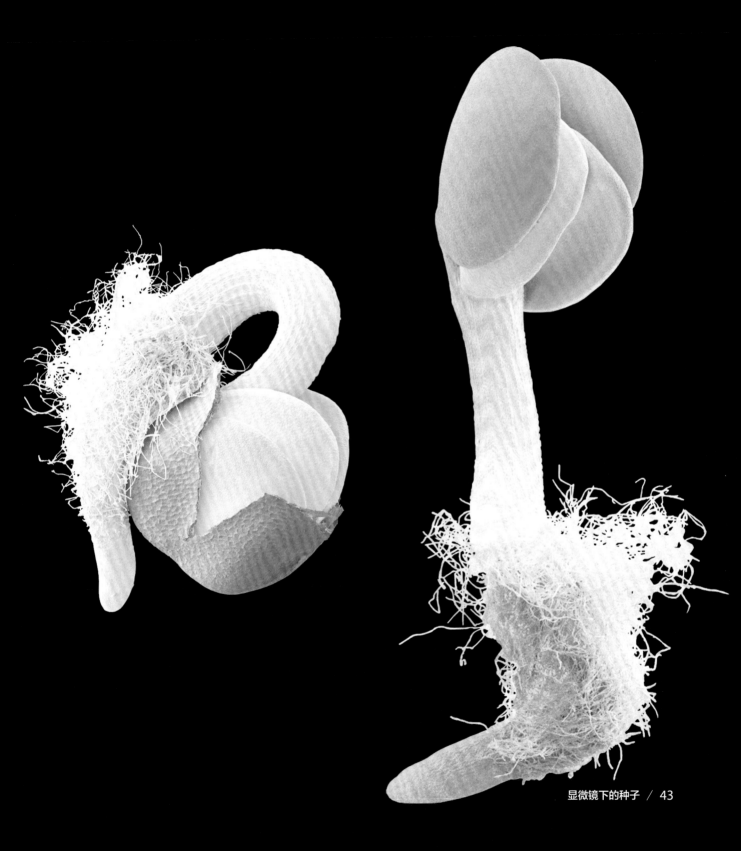

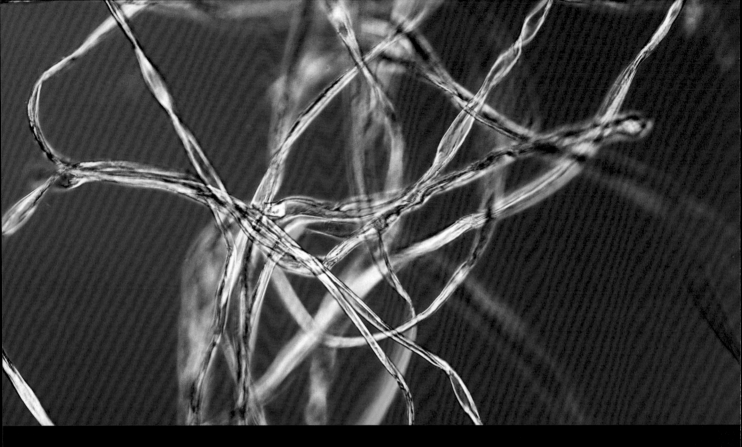

上图：埃及棉的纤维（光学显微照片）

　　棉纱是用棉花种子周围构成茧状软壳（棉铃）的那些白色纤维纺成的。棉纤维几乎完全由纤维素构成，具有天然的弹性，在纺成纱之后彼此可以紧紧束缚在一起。埃及棉来自海岛棉 *Gossypium barbadense* 这个栽培种，但它实际上是用一种秘鲁本土棉种培育的。与普通的陆地棉相比，海岛棉可以出产更长、更顺滑的纤维。海岛棉拉丁名的第二个词 *barbadense* 指的是巴巴多斯，是第一个向欧洲出口埃及棉的英国殖民地。（宽为 10 厘米时，放大 75 倍）

右图：蒲公英的冠毛（扫描电镜照片）

　　蒲公英是又一种依赖风力散播种子的植物。它的果序中有数百粒种子，每粒种子上都生着一朵小小的降落伞（冠毛），由放射状排布的细毛构成。照片中即为俯视所见的冠毛。当风吹起冠毛时，它便把种子从果序那里吹走。种子就像一个入侵的士兵一样悬在冠毛之下，从空中缓缓滑翔到离母株有一段距离的地面。虽然蒲公英全株可食，但是园丁认为它是一种害草。（宽为 10 厘米时，放大 53 倍）

显微镜下的
花 粉

篇章页图：单子叶植物和双子叶植物花粉的集锦（光学显微照片）

花粉是被子植物（有花植物）受精所需的结构，可以产生精细胞。被子植物可以分成两大类 —— 单子叶植物和双子叶植物。单子叶植物的花粉在表面有单独 1 条沟或 1 个孔，而双子叶植物的花粉有 3 条沟或 3 个孔。这两类植物不仅花粉类型不同，其他很多方面也不同。比如单子叶植物幼苗的茎上只有 1 枚胚胎叶（子叶），而双子叶植物有两枚；单子叶植物花的各部位数目为 3 或 3 的倍数，而双子叶植物是 4 或 5 的倍数。（宽为 3.5 厘米时，放大 30 倍）

左图：亚洲百合的柱头细节（扫描电镜照片）

（宽为 10 厘米时，放大 418 倍）

右图：百合的花粉（扫描电镜照片）

很多植物通过花粉（雄性）和柱头（雌性）的会合来进行有性生殖。百合花粉上的网脊和网眼（左图和右图均可见）构成复杂的图案，人们相信这种纹饰可以"抓住风"，帮助花粉在没有传粉昆虫的情况下散播。在花的雌性部位中，柱头具有黏性，可以捕捉花粉，诱导它的萌发：左图中左侧白色的细丝就是花粉管，从被捕获的花粉伸出，搜寻子房。（宽为 10 厘米时，放大 465 倍）

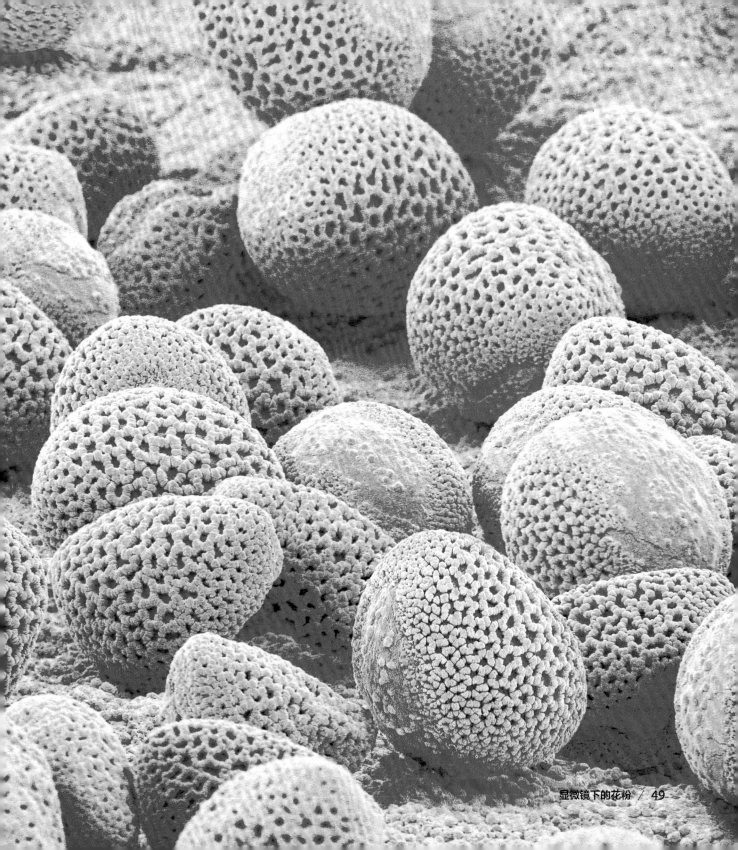

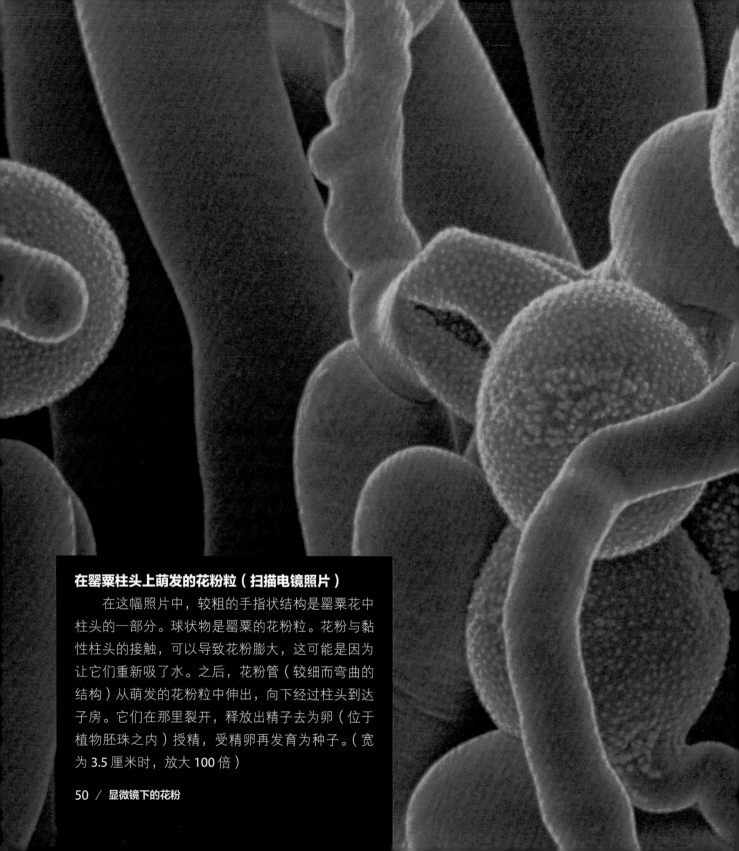

在罂粟柱头上萌发的花粉粒（扫描电镜照片）

　　在这幅照片中，较粗的手指状结构是罂粟花中柱头的一部分。球状物是罂粟的花粉粒。花粉与黏性柱头的接触，可以导致花粉膨大，这可能是因为让它们重新吸了水。之后，花粉管（较细而弯曲的结构）从萌发的花粉粒中伸出，向下经过柱头到达子房。它们在那里裂开，释放出精子去为卵（位于植物胚珠之内）授精，受精卵再发育为种子。（宽为 3.5 厘米时，放大 100 倍）

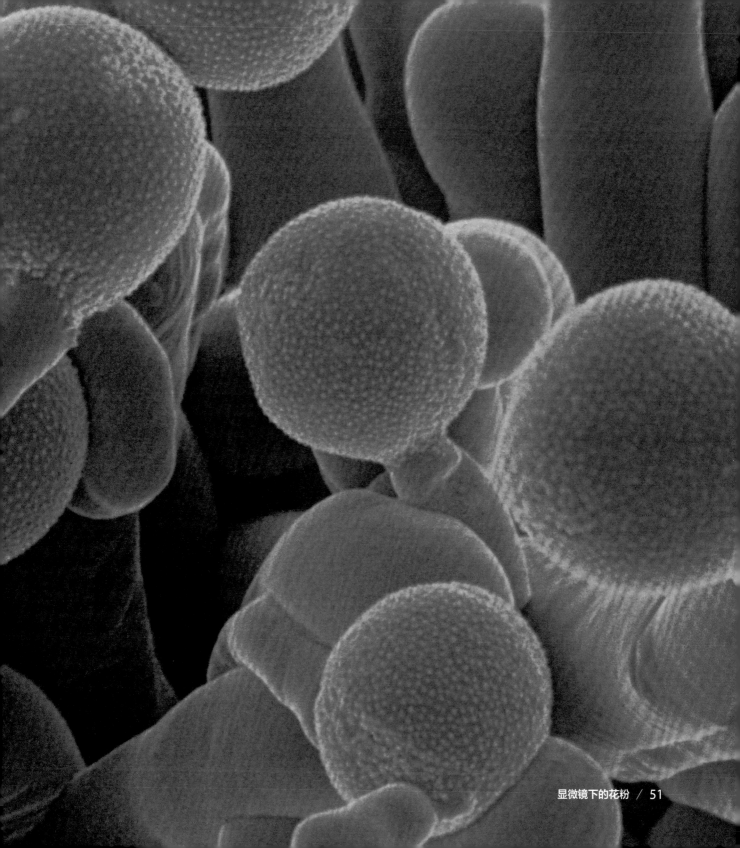

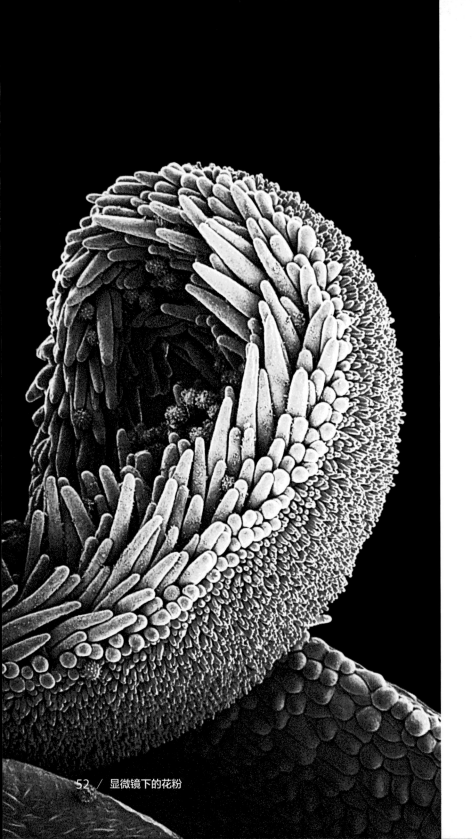

左图：向日葵的传粉（扫描电镜照片）

看上去像一朵"花"的向日葵花盘，实际上是一个花序，由两种不同类型的花构成。花盘内侧圆形的部分是簇生的许多可育的小花，术语叫"盘花"，它们可以结出果实，供榨油和制作葵花籽零食。较大的外侧"花瓣"实际上是名为"边花"的一圈不孕性花，每朵花的花瓣都合成一片。这幅照片中黄色的棒状物是小花柱头上的毛。柱头一侧的毛上覆盖着花粉粒（粉红色）。（宽为6厘米时，放大67倍）

右图：牵牛花的花粉（扫描电镜照片）

这些橙色的球是篱栏上的常见植物牵牛花的花粉，已经被花的柱头（黄色）所捕获。柱头是花的雌性生殖器官（雌蕊）的外侧末端。在柱头之下是一段杆状部分（花柱），再下面则是子房，花粉在这里为卵（胚珠）授精，之后卵发育为新植物的胚胎——种子。牵牛花在英文中也叫bindweed，意为"捆绑草"，因为它的几根茎有时自己就会相互缠绕，像绑东西的绳索一样。（宽为7厘米时，放大52倍）

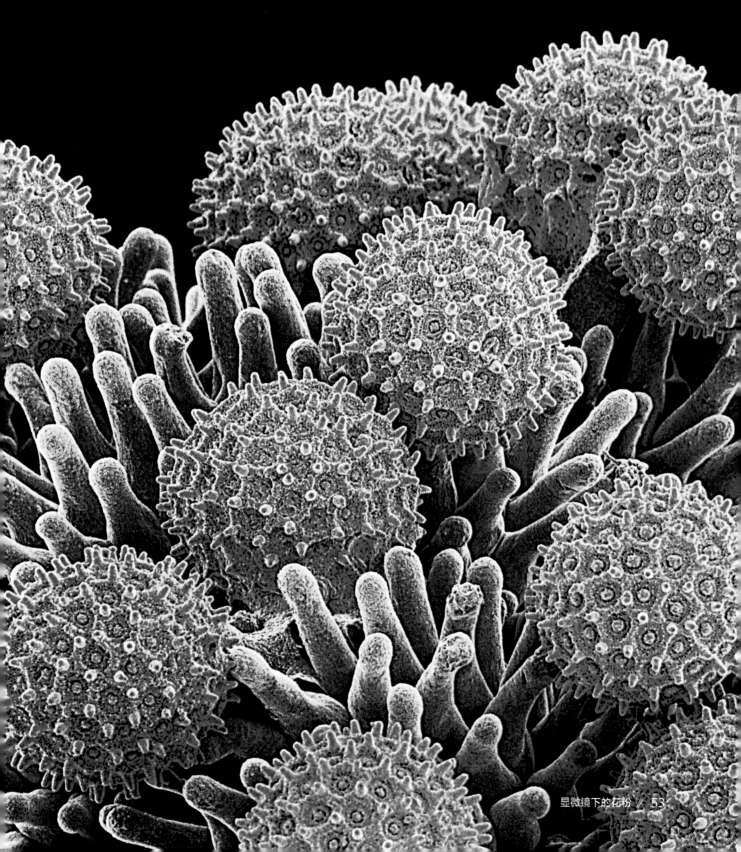

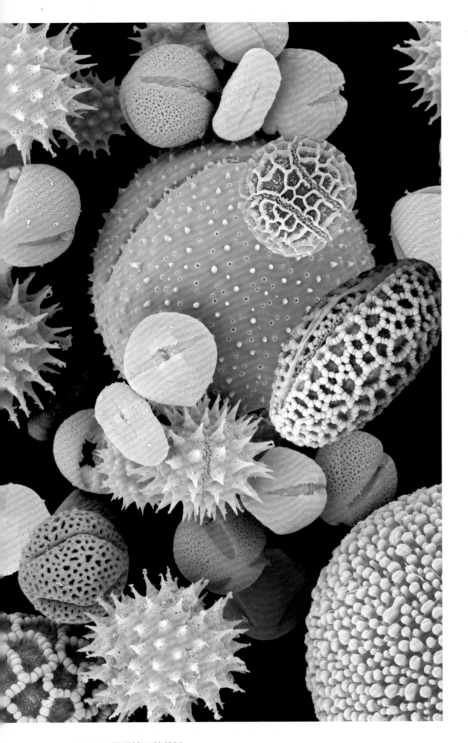

左图：花粉粒（扫描电镜照片）

在微观世界中，花粉的大小和形状呈现了巨大的多样性。在这幅照片中你可以看到一组不同的花粉，包括向日葵 *Helianthus annuus*（生有密刺的球）、圆叶牵牛 *Ipomoea purpurea*（左下部的大球，其上有珠链状的隔层）、锦葵状棱葵 *Sidalcea malviflora*（生有小刺的浅绿色大球）、天香百合 *Lilium auratum*（右中部的大椭球）、灌木月见草 *Oenothera fruticosa*（有3条沟的橙色和绿色小球）以及蓖麻 *Ricinus communis*（上部和中部的黄色小椭球）的花粉。（高为 10 厘米时，放大 570 倍）

右图：天竺葵的花粉（扫描电镜照片）

花的雄性生殖器官叫雄蕊。每枚雄蕊由茎部（花丝）及其顶端产生花粉的结构（花药）构成。花药中有许多隔间（小孢子囊），孢子在其中发育为花粉粒。植物可利用风、重力或路过的动物来散播花粉。照片中可以看到天竺葵花药（褐色）上的花粉（粉红色），这些花粉正要散播出去，寻找接收它们的雌性器官（雌蕊）。（放大倍数未知）

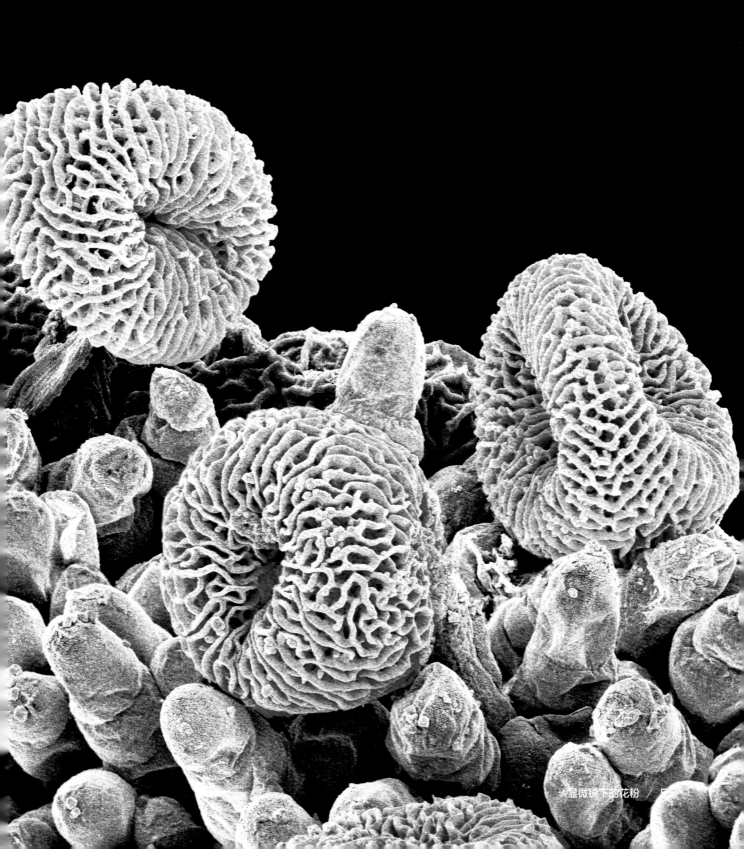

显微镜下的花粉 ／

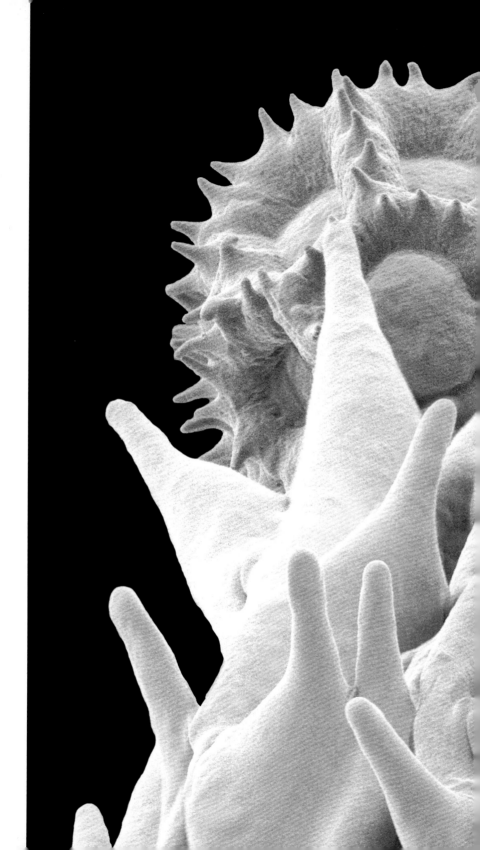

右图：秋狮苣的花粉（扫描电镜照片）

秋狮苣在英文中有时也叫 the fall dandelion，意为"秋蒲公英"，因为它的花很像蒲公英，但一年中的花期比蒲公英稍晚。虽然这两种植物关系不太近，但是它们的花粉粒比较相像，其表面（花粉外壁）呈现有刺突的复杂形态。这些刺突可用来钩住路过动物的皮毛。不过在这幅照片中，花粉粒（黄色）却附着在秋狮苣花基部的纤维（白色）上。（宽为10 厘米时，放大 400 倍）

上图：香茅天竺葵的花瓣和花粉粒（扫描电镜照片）

　　植物有时候需要气味来驱逐食草动物或吸引传粉者。对这幅照片中的香茅天竺葵 *Pelargonium citronellum* 来说，其柠檬般的香气来自叶中的挥发油，只要揉搓或轻轻挤压这些叶子，就可以把香气释放出来。除了天然生长的种类外，通过育种，人们还选育了很多具有不同香气的新品种。天竺葵在美国常被叫作"牻牛儿苗"，在英国又常被叫作"老鹳草"，都是容易引发混淆的名字。因为真正的牻牛儿苗和老鹳草分别是与天竺葵同科不同属的另一种植物。（宽为 10 厘米时，放大175 倍）

右图：耧斗菜的花粉粒（扫描电镜照片）

　　在这些耧斗菜属 *Aquilegia* 植物的花粉上，清晰可见有 3 条沟，由此可以把这个属鉴定为双子叶植物。与之不同，单子叶植物的花粉只有 1 条沟。按照传统分类，被子植物要么是双子叶植物，要么是单子叶植物，这两个类群在其他一些方面也不同。比如双子叶植物一般有中央直根，从其上长出其他的根，但单子叶植物的根却都直接从植株基部长出。对于地上部分来说，单子叶植物的叶脉排列成平行线，但双子叶植物的叶脉却排成分枝状。（宽为 10 厘米时，放大 2200 倍）

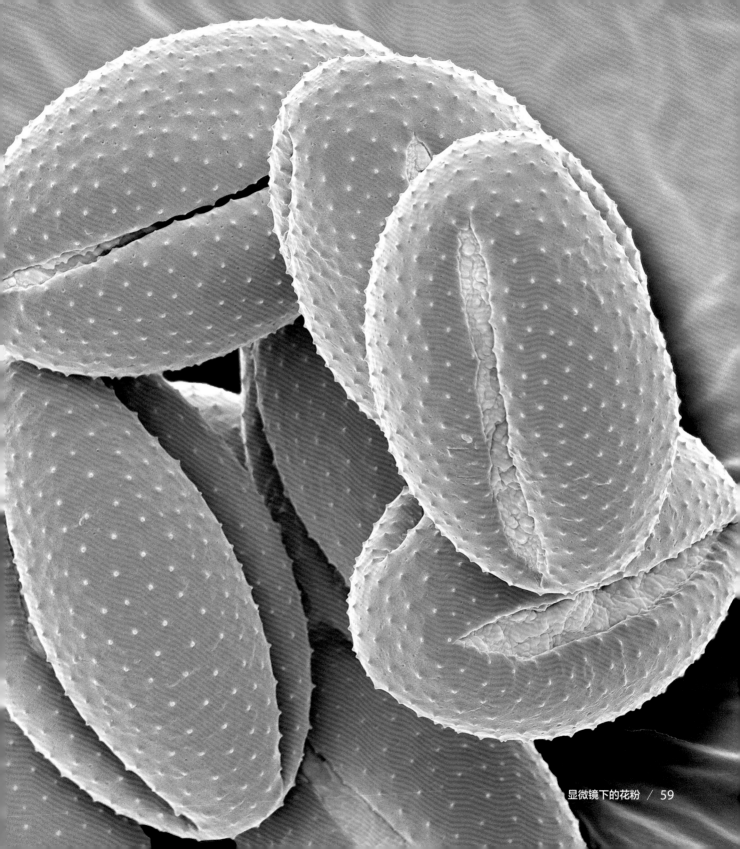

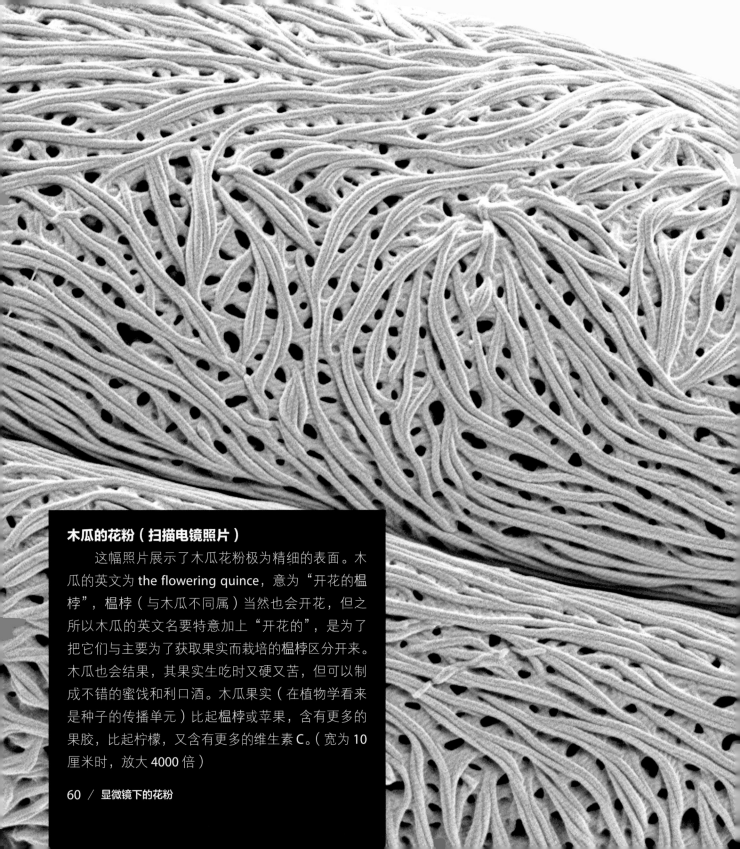

木瓜的花粉（扫描电镜照片）

　　这幅照片展示了木瓜花粉极为精细的表面。木瓜的英文为 the flowering quince，意为"开花的榅桲"，榅桲（与木瓜不同属）当然也会开花，但之所以木瓜的英文名要特意加上"开花的"，是为了把它们与主要为了获取果实而栽培的榅桲区分开来。木瓜也会结果，其果实生吃时又硬又苦，但可以制成不错的蜜饯和利口酒。木瓜果实（在植物学看来是种子的传播单元）比起榅桲或苹果，含有更多的果胶，比起柠檬，又含有更多的维生素 C。（宽为 10厘米时，放大 4000 倍）

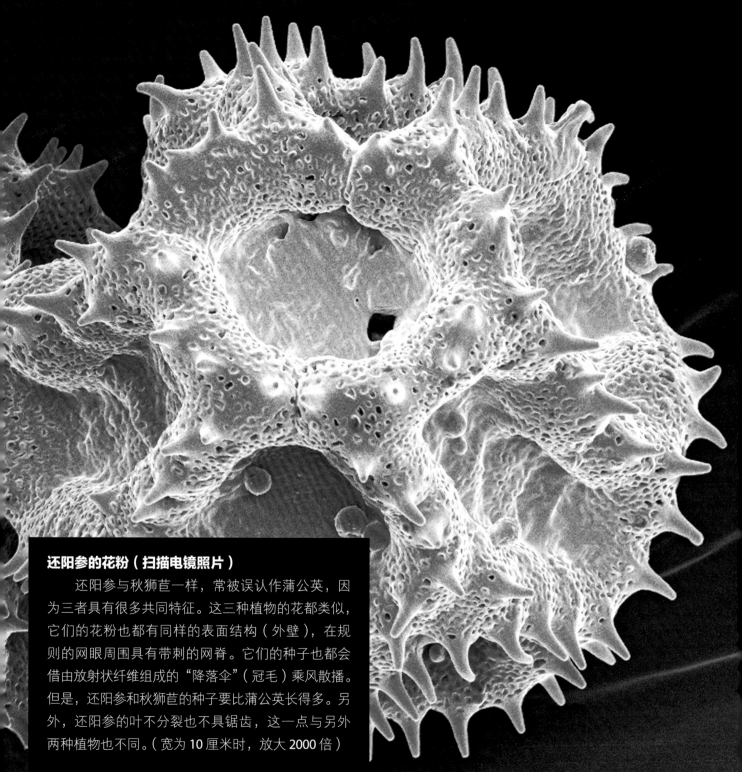

还阳参的花粉（扫描电镜照片）

　　还阳参与秋狮苣一样，常被误认作蒲公英，因为三者具有很多共同特征。这三种植物的花都类似，它们的花粉也都有同样的表面结构（外壁），在规则的网眼周围具有带刺的网脊。它们的种子也都会借由放射状纤维组成的"降落伞"（冠毛）乘风散播。但是，还阳参和秋狮苣的种子要比蒲公英长得多。另外，还阳参的叶不分裂也不具锯齿，这一点与另外两种植物也不同。（宽为 10 厘米时，放大 2000 倍）

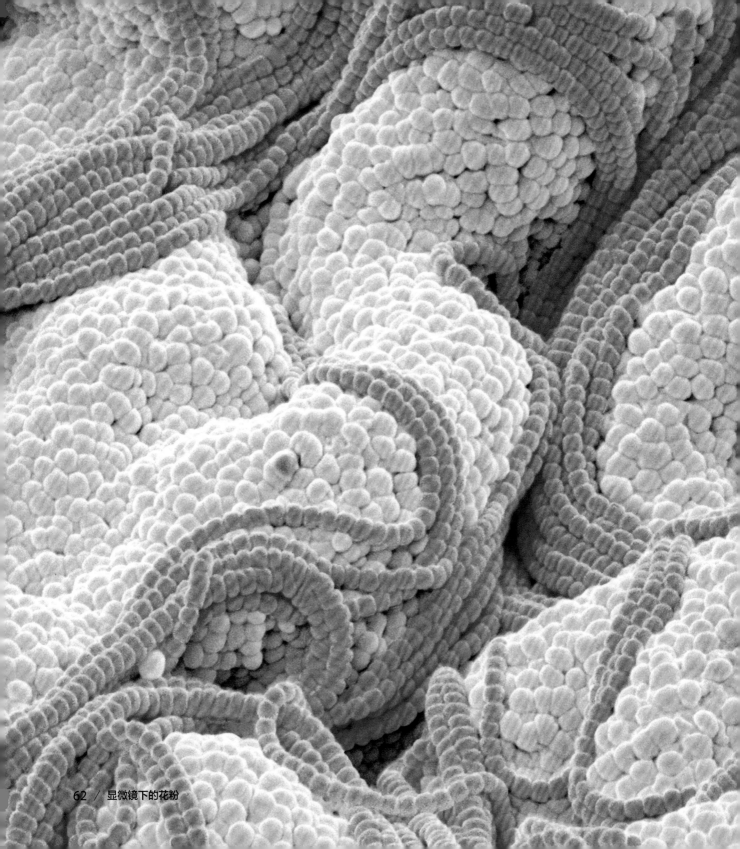

月见草的花粉（扫描电镜照片）

　　包括这幅照片中的月见草在内，很多植物的花是两性花，同时具有雄性和雌性生殖器官，但是授精通常还是发生在两朵花之间，而不是同一朵花内部。月见草花粉分泌有丝状物（粉红色），把花粉粒捆绑成团，以致大多数传粉者无法把它们带走，但是一些种类的蜂却演化得足以把这些过大的花粉团采走。月见草花瓣上具有在紫外光下才能看到、人类肉眼看不见的隐藏图案（蜜导），可以引导这些蜂爬向花粉。（宽为 10 厘米时，放大 5000 倍）

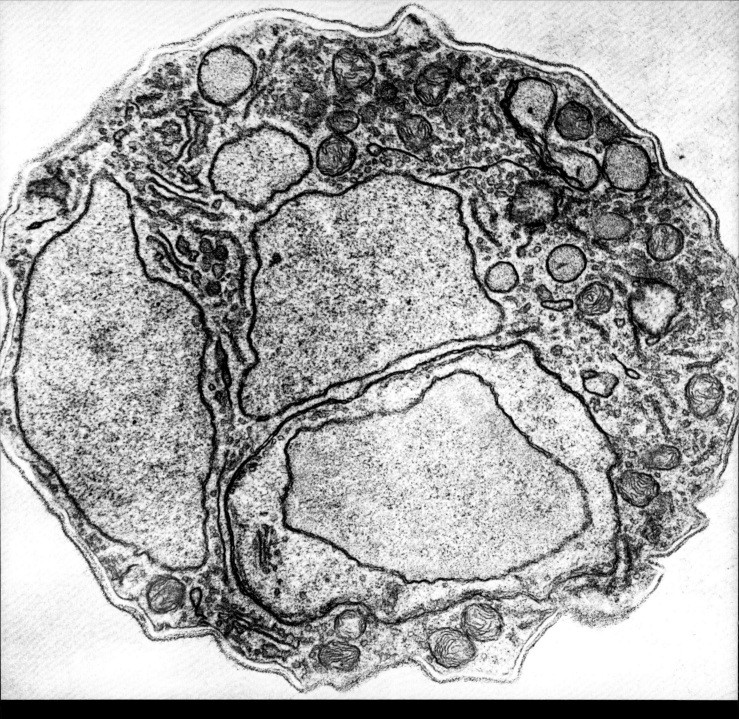

左图：非洲堇的花粉管（透射电镜照片）

　　一旦雄性的花粉传送到雌性的柱头上，它就会伸出一根管，向下钻过柱头和花柱，最终到达子房。在那里，这根管放出精子，精子让子房表面胎座层上的卵受精。玉米的花粉管可长达 12 英寸（约 30.5 厘米）。非洲堇的花粉管则要短得多，这幅照片展示的是其横切面。（宽为 10 厘米时，放大 5000 倍）

右图：百合的花药（透射电镜照片）

　　在这幅照片中，黄色圆盘是胚胎阶段的花粉粒（孢子），正在一朵百合花的雄性生殖器官（花药）中发育。在周围的花药细胞中，较薄的最内侧一环是绒毡层，为孢子发育提供养分。外层一环则是淀粉细胞。当花粉粒发育成熟时，花药会裂开，放出它们来传粉。百合花粉对猫有剧毒，可以导致其急性肾衰竭。（高为 10 厘米时，放大 85 倍）

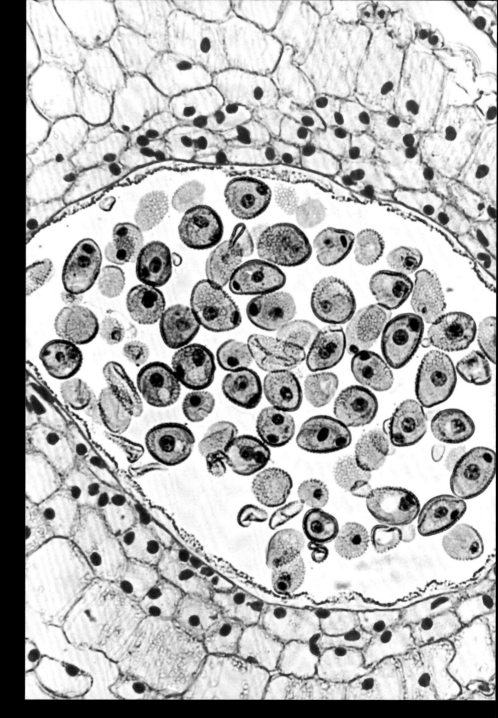

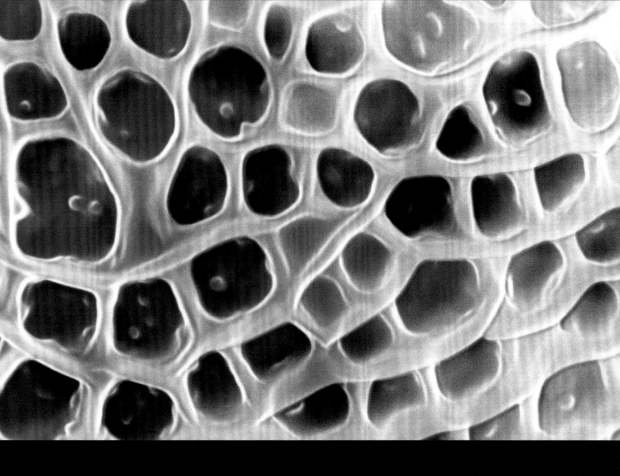

左图：雏菊的花粉（扫描电镜照片）

    雏菊属于菊科。菊科是植物中的大家族，其历史可以回溯到大约 9000 万年前，今天全科的总种数已达约 33000 种。菊科植物的特征之一，是产生花粉的花药的形态。在大多数花中，花药与柱头是分离的；但在菊科的花中，花药围着柱头的梗（花柱）生长成类似管状的结构。花粉会粘在花柱上；花柱在生长时，会把花粉带出封闭的花药管，并推向子房。（宽为 10 厘米时，放大 5000 倍）

上图：龙钟花的花粉（扫描电镜照片）

    对于能产生花粉的植物来说，花粉在其生命周期中起着至关重要的作用；然而，人类却并不总是欢迎它们。很多人会对某些类型的花粉过敏。插花师也很讨厌花粉，因为它们会破坏周围的叶和花瓣的外观。为了对付花粉，日本的一家种子公司培育了没有花粉的龙钟花。这些花朵不再长出雄蕊，也就不再有花粉产生；比那些有雄蕊的花，这些花朵做插花还有一个优势 —— 可以多保持一周时间。（宽为 10 厘米时，放大 7000 倍）

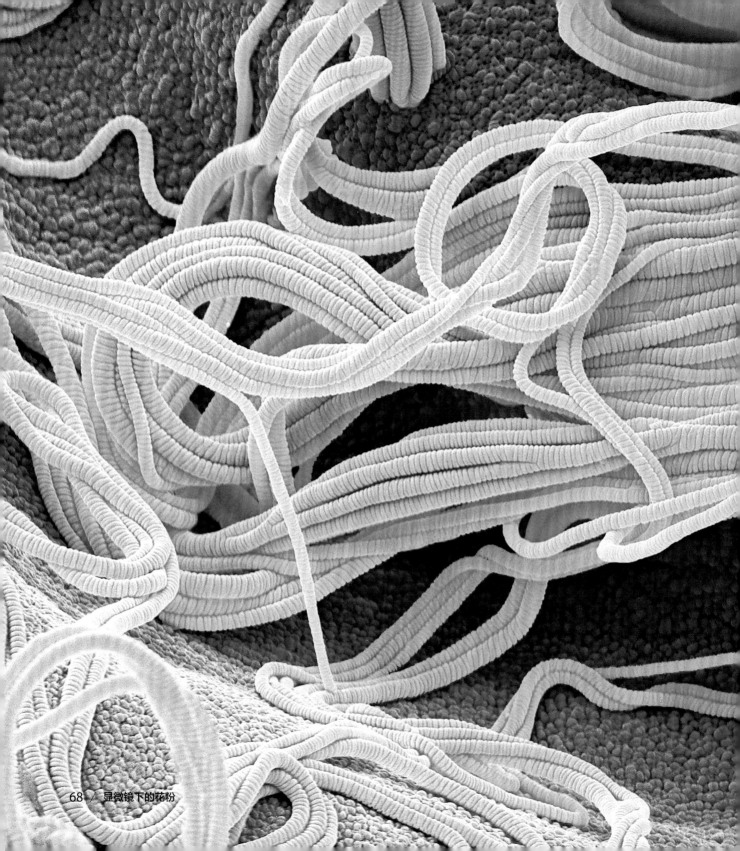

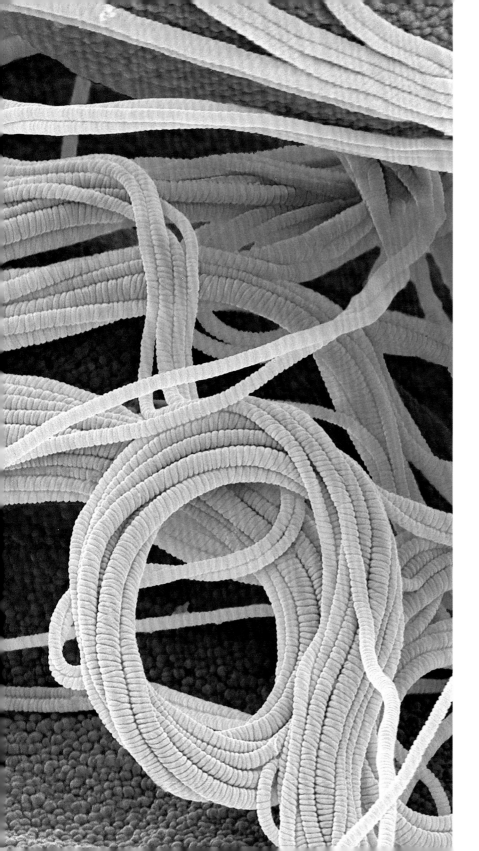

左图：油点草的花粉（扫描电镜照片）

油点草花形奇特，其花粉会生出细丝，把花粉粒捆绑在一起。这种形态具体的功能还不清楚，也许可以限制为花朵传粉的昆虫种类，但也许实际上是为了帮助花粒团附着到任何前来的传粉者身上。油点草柱头艳丽，支撑着柱头的梗（花柱）表面有一层腺体。腺体会分泌黏性液滴，可以吸引传粉昆虫前来访花。（宽为 10 厘米时，放大 5000 倍）

左图和上图：蜜蜂的腿（扫描电镜照片）

　　蜜蜂有 6 条腿，每条腿都覆有微小的毛，很
适合用来采集花粉，蜜蜂需要这些花粉作为幼虫
的食物。在放大到很高倍数时，每根毛上又有毛
（左图），这些图像同时也表明了每粒花粉粒实际
上有多小。花能够以多种方式吸引蜜蜂，包括气

嘉兰的花粉（扫描电镜照片）

即使在较低的放大倍数下，嘉兰花粉极具纹理感的外表面也清晰可见。花粉粒上明显的单条沟，表明嘉兰是单子叶植物。单子叶植物花的每个部位的数量都是 3 的倍数——嘉兰有 6 枚花瓣和 6 枚雄蕊，子房具 3 室。这种植物全株含剧毒的秋水仙碱（秋水仙也含有这种物质），可以导致人类全身衰竭，甚至死亡。然而，秋水仙碱又可用作治疗风湿的药物。（宽为 10 厘米时，放大 75 倍）

上图：有花粉粒的荆豆柱头（扫描电镜照片）

　　在这张伪彩色照片中，荆豆的花粉粒（黄色）附着在这种植物雌蕊的毛状柱头（绿色）上。有句古老的谚语说："荆豆花谢，人间情绝。"意思是说这两件事几乎都不可能发生：在温和的气候下，荆豆一年中的花期长达 10 个月。它的花粉实际上是砖红色的，是过敏性鼻炎（干草热）患者的噩梦，但在蜜蜂和养蜂人眼中却是宝贵资源。（宽为 10 厘米时，放大 250 倍）

右图：薰衣草的花粉粒（扫描电镜照片）

　　在这幅照片中，可以看到法国薰衣草的一粒花粉粒处在一枚花瓣的某个部分之上。薰衣草的英文名 lavender 来自拉丁语词 *lavare*，意思是"洗"，因为这类芳香植物曾被用来给古罗马的洗衣房增添香气。用法国薰衣草花粉酿制的蜂蜜，有非常明显的花香，所以备受赞誉。薰衣草精油提取自这类植物的叶，在今天被广泛用来安神和催眠。（宽为 10 厘米时，放大 2476 倍）

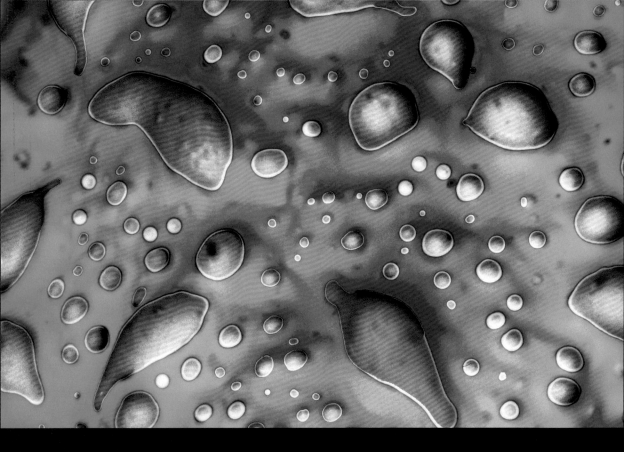

上图：鸢尾的花粉（扫描电镜照片）

　　鸢尾类植物的下部花瓣，为沾有花粉的蜂类提供了理想的着陆平台。之后，蜂类要够到花蜜，必须强行挤过悬在它头上的柱头，在这个过程中就把它身上可以授精的花粉卸在了柱头上。之后蜂类继续向花蜜爬去，又要从花药的下方挤进去，这样便采集到了新花粉。因为新沾上的花粉在蜂类身体的前方，所以当蜂类倒退着爬出时，它不会把任何新花粉留在柱头上。之后蜂类就离开这朵花，去寻找下一朵鸢尾。（宽为 10 厘米时，放大 1600 倍）

右图：茄子的花粉粒（扫描电镜照片）

　　这是从茄子花粉粒的一端照的，其中清楚地显示了 3 条沟，表明这种植物是双子叶植物。双子叶植物的种子长出的幼苗，几乎总是生有直根和两枚胚胎叶（子叶），这都与单子叶植物不同。有些人也会对茄子花粉过敏，这种植物本身也含有较高含量的组胺，不过大部分过敏原在烹饪过程中会被破坏。茄子与马铃薯和番茄有较近的亲缘关系。（宽为 10 厘米时，放大 4300 倍）

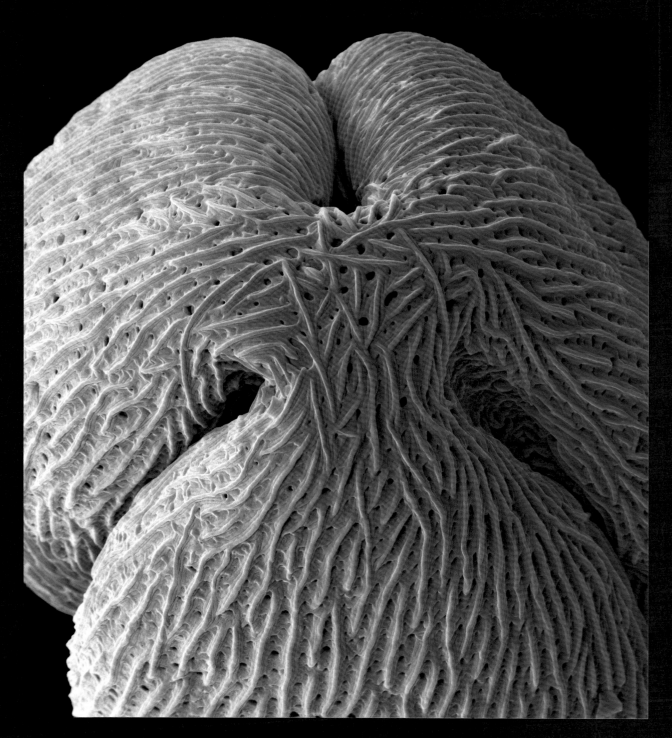

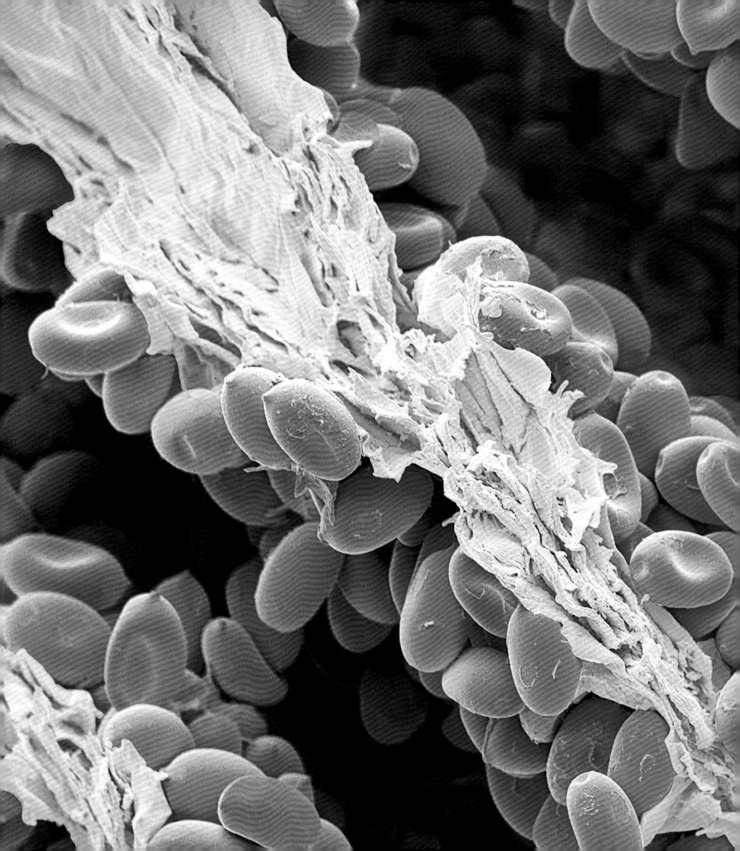

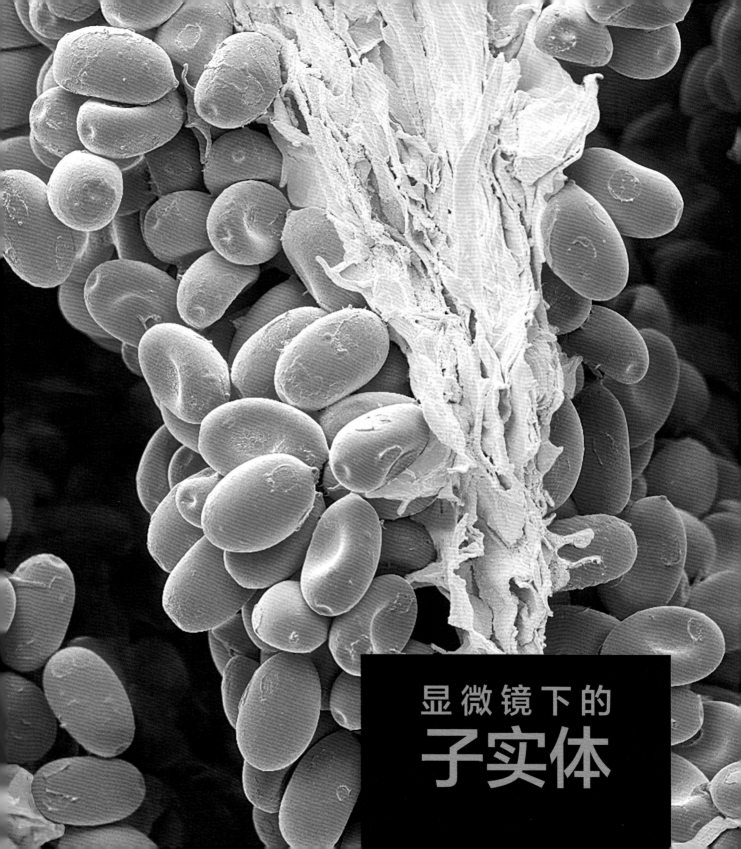

显微镜下的
子实体

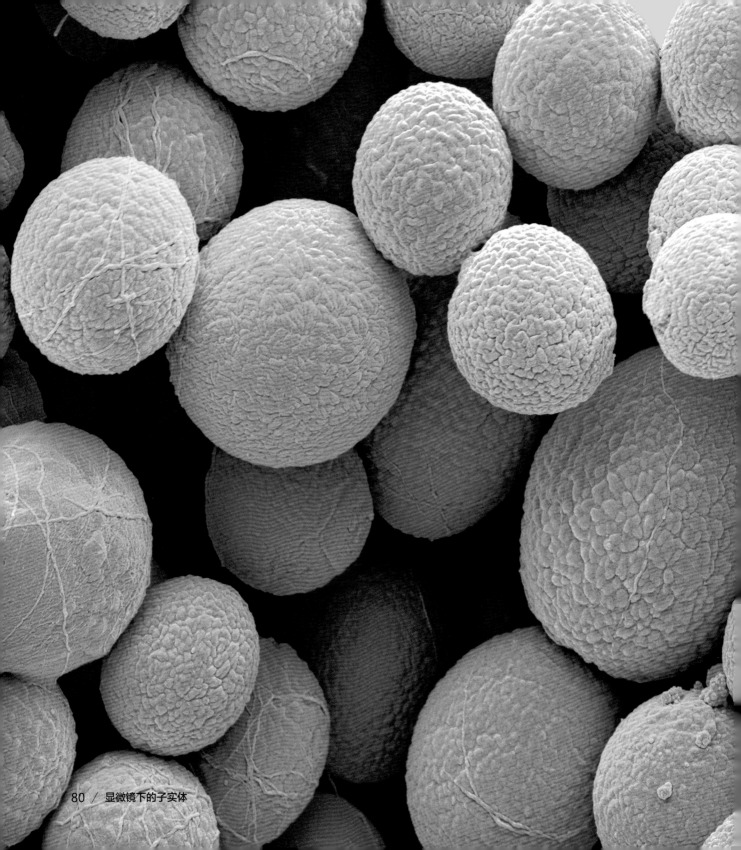

篇章页图：鳞伞的孢子（扫描电镜照片）

　　大多数人可能会以为蘑菇本身是一个个的植物体。正因如此，本书将其与显微镜下的植物一起介绍。然而，它们并不是真正的植物，而是大型真菌（蕈类），而且是一个体形庞大得多的地下生物体出露地上的子实体。就像植物的果实或果序含有种子一样，蕈类的子实体也含有孢子，由它长出下一代真菌。在这幅人工着色的照片中，纸一般的隔层是鳞伞属 *Pholiota* 蕈类菌帽下的菌褶，其上覆有粉红色的孢子。（宽为 10 厘米时，放大 500 倍）

左图和上图：面包霉的分生孢子（扫描电镜照片）

　　真菌并非只长在土里。这两张照片展示了两种不同真菌的孢子，它们都以面包为家。分生孢子（conidia）这个术语来自古希腊语中意为"尘埃"的词，这些孢子在肉眼看来就像一撮细小的粉尘。这些分生孢子也来自子实体。子实体长可不到 1 毫米，而分生孢子本身又附着在其中更为纤细的柄状结构—— 分生孢子梗 ——交织成的网状结构上。（左图：宽为 10 厘米时，放大 3000倍；上图：放大倍数未知）

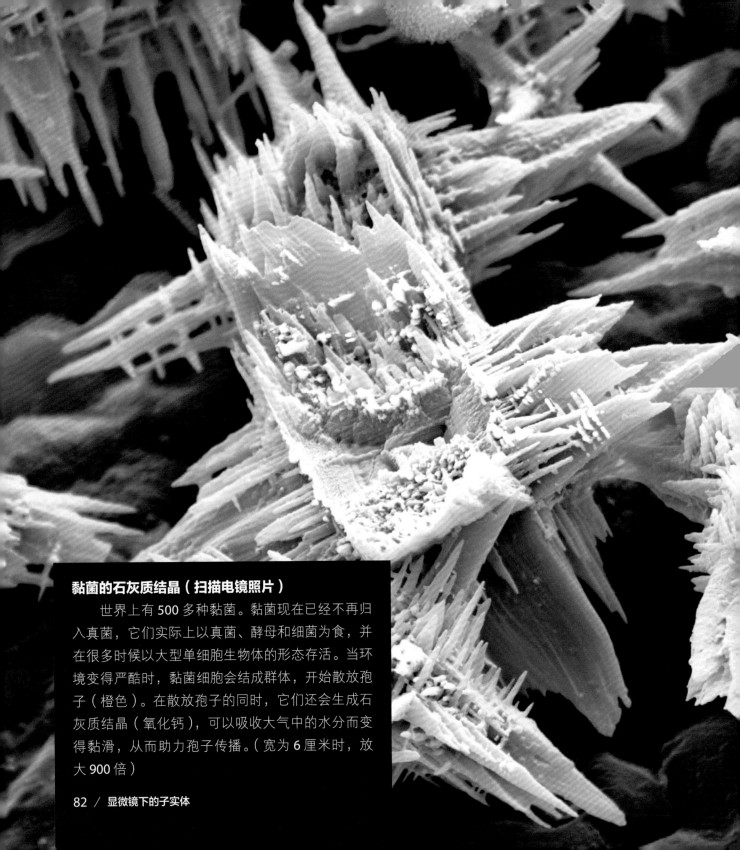

黏菌的石灰质结晶（扫描电镜照片）

　　世界上有 500 多种黏菌。黏菌现在已经不再归入真菌，它们实际上以真菌、酵母和细菌为食，并在很多时候以大型单细胞生物体的形态存活。当环境变得严酷时，黏菌细胞会结成群体，开始散放孢子（橙色）。在散放孢子的同时，它们还会生成石灰质结晶（氧化钙），可以吸收大气中的水分而变得黏滑，从而助力孢子传播。（宽为 6 厘米时，放大 900 倍）

82 / 显微镜下的子实体

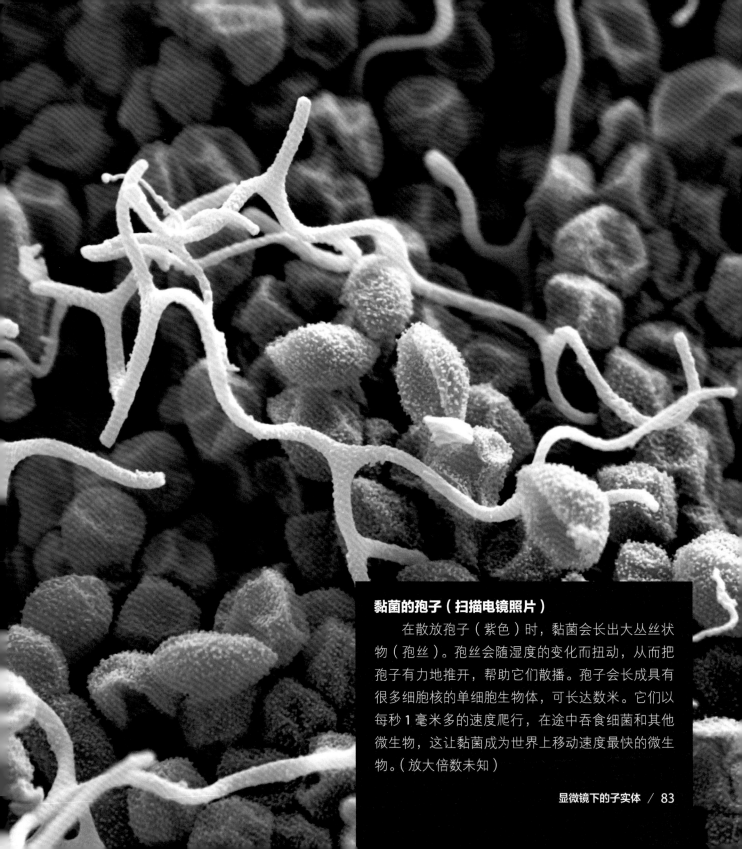

黏菌的孢子（扫描电镜照片）

在散放孢子（紫色）时，黏菌会长出大丛丝状物（孢丝）。孢丝会随湿度的变化而扭动，从而把孢子有力地推开，帮助它们散播。孢子会长成具有很多细胞核的单细胞生物体，可长达数米。它们以每秒 1 毫米多的速度爬行，在途中吞食细菌和其他微生物，这让黏菌成为世界上移动速度最快的微生物。（放大倍数未知）

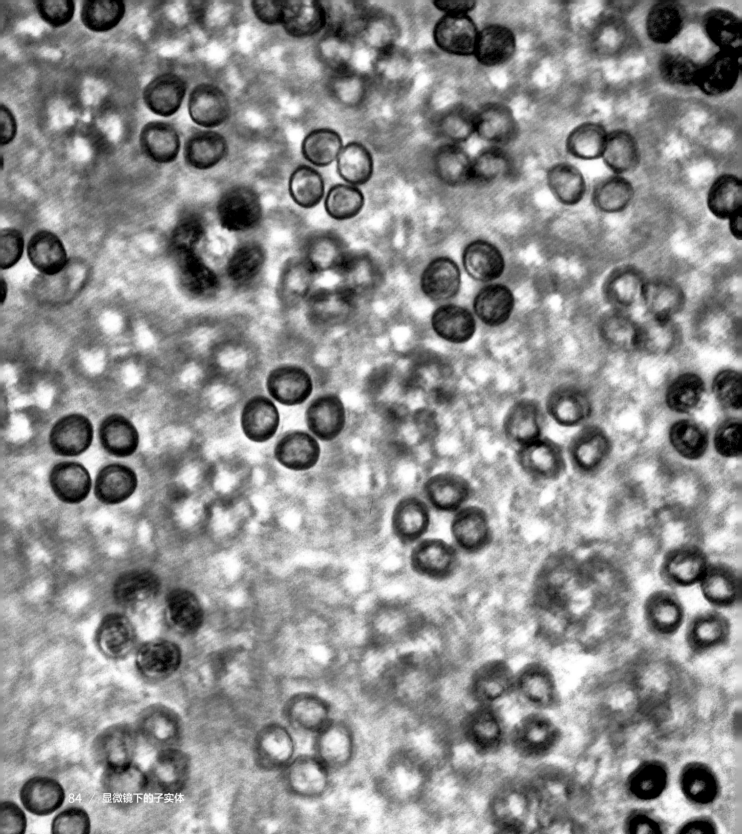

毛头鬼伞的孢子（光学显微照片）

在蕈类中，鬼伞属 *Coprinus* 最有名的种是毛茸茸的毛头鬼伞 *Coprinus comatus*。毛头鬼伞菌帽下方的菌褶（看上去有一点像是把旧时写字台上的墨水罐颠倒过来）会通过一种叫"自消化"的过程自我吞食，为的是释放出孢子（在这幅横切面照片上可见）。菌褶上黑黑的液汁，就是自消化的产物，所以毛头鬼伞的英文名 the black liquid，意为"墨水帽蘑菇"。它高瘦的子实体上的菌帽覆有羽毛状的鳞片，这又让它有了另一个英文俗名 the lawyer's wig，意为"律师的假发"。（放大倍数未知）

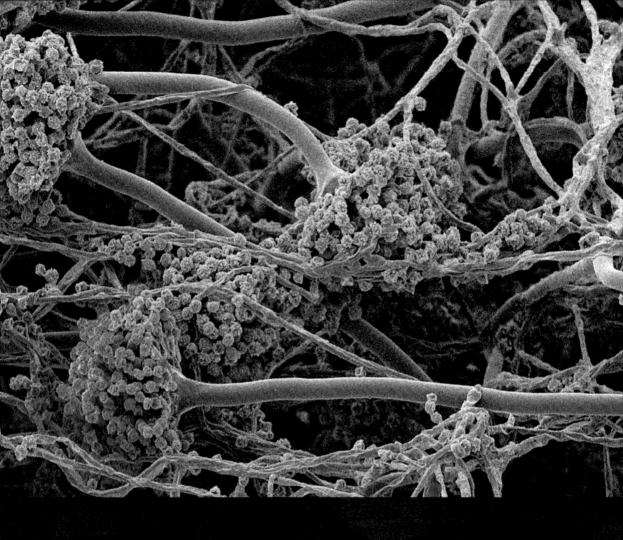

左图：黑曲霉（扫描电镜照片）
（放大倍数未知）

上图：烟曲霉（扫描电镜照片）

　　曲霉属 Aspergillus 真菌有几百种，它们都是在植物和淀粉性食物上的霉菌。曲霉以孢子（分生孢子）繁殖，这些孢子生于分生孢子梗的末端。

黑曲霉 Aspergillus niger（左图）孢子从分生孢子梗的顶端向外放射状排布，几乎形成完整的球形；烟曲霉 Aspergillus fumigatus（上图）的孢子则只排成半球形。免疫系统脆弱的人如果吸入烟曲霉，可能患上严重的疾病——曲霉病。黑曲霉则可用于生产玉米糖浆和抑制肠胃胀气的药物。（宽为 7 厘米时，放大 670 倍）

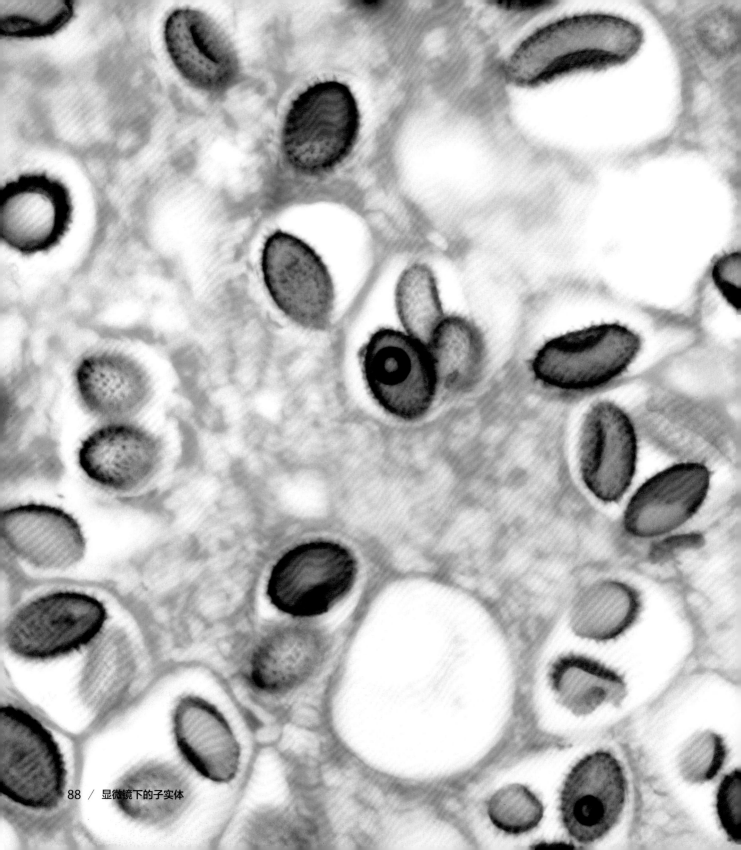

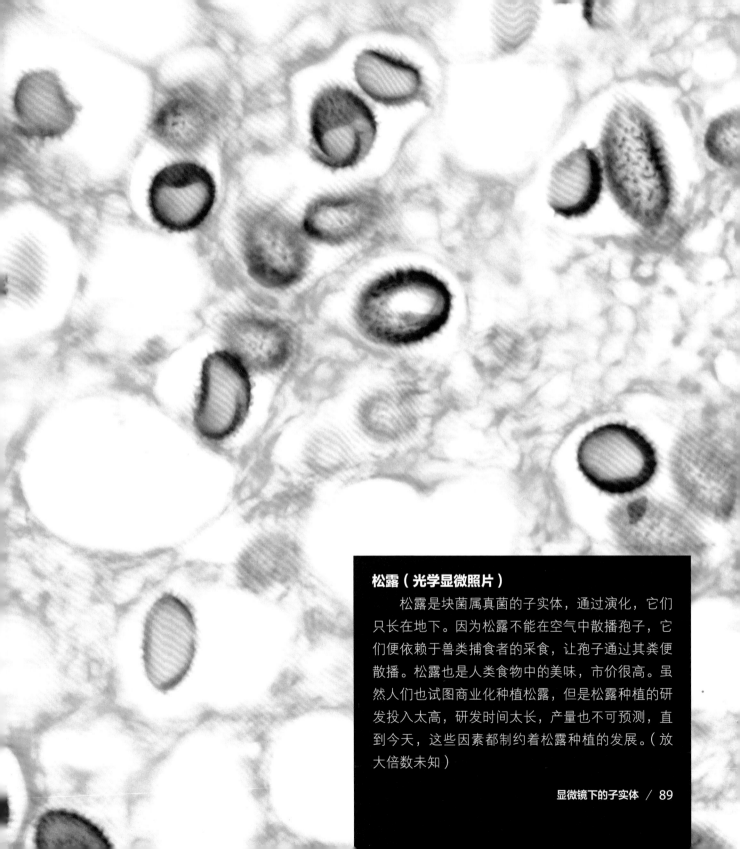

松露（光学显微照片）

　　松露是块菌属真菌的子实体，通过演化，它们只长在地下。因为松露不能在空气中散播孢子，它们便依赖于兽类捕食者的采食，让孢子通过其粪便散播。松露也是人类食物中的美味，市价很高。虽然人们也试图商业化种植松露，但是松露种植的研发投入太高，研发时间太长，产量也不可预测，直到今天，这些因素都制约着松露种植的发展。（放大倍数未知）

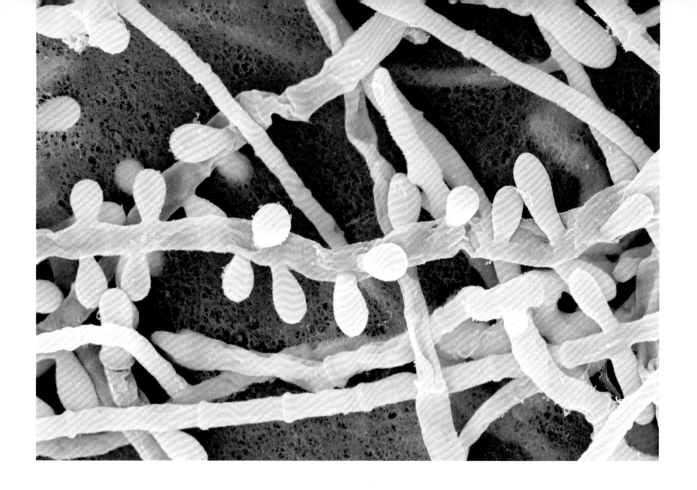

上图：皮肤癣菌（扫描电镜照片）

这幅图展示了红色毛癣菌 *Trichophyton rubrum* 的孢子（粉红色）正在长出"茎"（菌丝）。红色毛癣菌是导致足癣、甲癣（灰指甲）和其他皮肤真菌感染的最常见的病原体，在男性中尤为多见，在女性（以及兽类）中则较少见。这类真菌（皮肤癣菌）会侵害死皮、指甲和毛发，因为它们都含有一种名叫"角蛋白"的蛋白质。我们感到的瘙痒，缘于真菌所分泌的消化角蛋白的酶；此时去搔痒，只能帮助真菌继续扩散。（宽为 10 厘米时，放大 3200 倍）

右图：马勃的孢子（扫描电镜照片）

与蘑菇状的蕈类不同，马勃类蕈类没有张开的菌帽，通常也没有"杆"（菌柄）。相反，它们与松露菌一样，把大团孢子（产孢体）完全封闭在一个球中。但与松露菌不同，马勃类的子实体生于地上。当孢子成熟时，这个球变干燥、开裂，让孢子可以随风逸散。动物在它旁边的一次落脚，或是一滴雨水，都足以让这个球喷发，吐出一团孢子烟雾。有些马勃可食，有些不可食，其中一些看上去像鹅膏菌属 *Amanita* 中某些极为致命的蘑菇的幼体。千万要当心！（宽为 10 厘米时，放大 3000 倍）

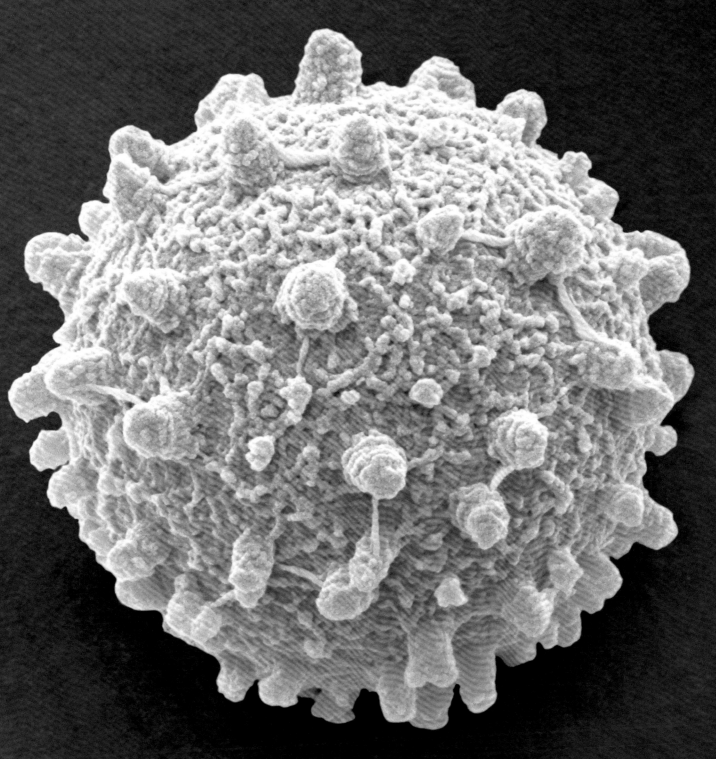

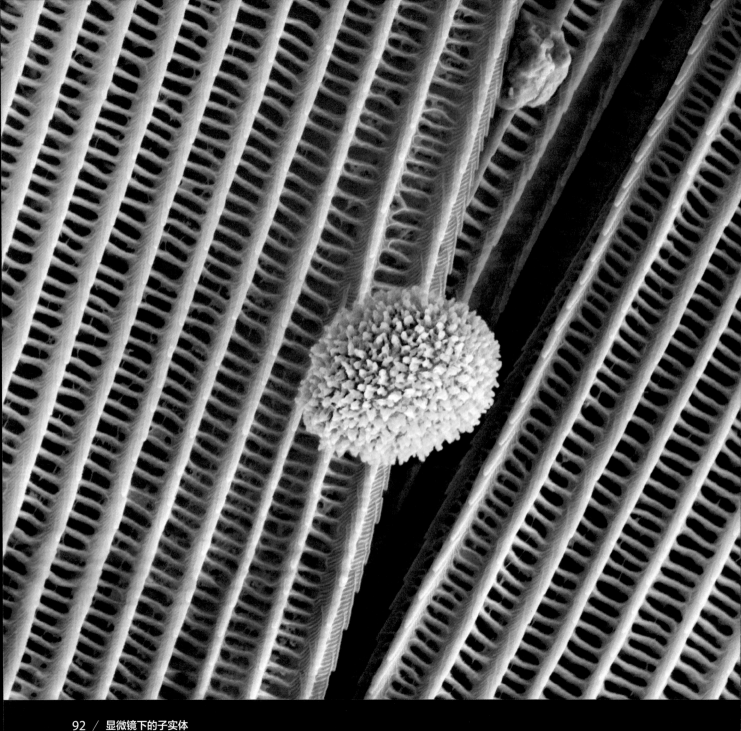

左图：蝴蝶翅膀的鳞片和孢子（扫描电镜照片）

蝶类通常以花蜜为食，而不吃蘑菇，比起毛茸茸的蜂类或其他动物，它们的传粉能力较差。不过，当空气中满是真菌孢子时，蝶类却有可能在无意中帮助了这些孢子的传播。在这幅照片中，蝶类翅膀上微小的鳞片在飞行中捕获了一粒更为微小的蕈类孢子。在它落脚后，这粒孢子就被带到了很远的地方，散播范围广得超出预期。（宽为 10 厘米时，放大 3350 倍）

右图：白粉菌（扫描电镜照片）

白粉病能侵害很多植物的茎叶。这种病害由几种真菌感染所引发，比如照片中这些孢子就来自非洲蒲头菌 *Mycotypha africana*。这些真菌在温室之类的暖湿环境中旺盛生长。它们经由昆虫扩散：比如棉蚜，以受感染的植株为食时会摄入真菌，之后又通过粪便把它排泄到其他植株上。有些作物可以用化学药剂防治白粉菌，或者也可以利用以这些病原菌而非叶子为食的重寄生真菌进行生物防治。（宽为 6 厘米时，放大 8600 倍）

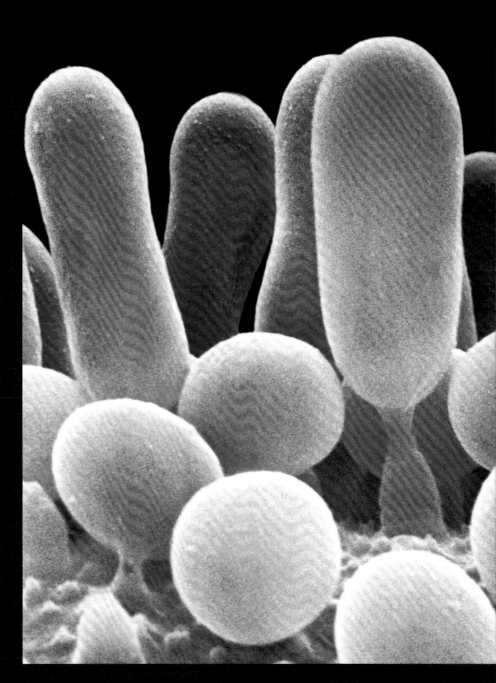

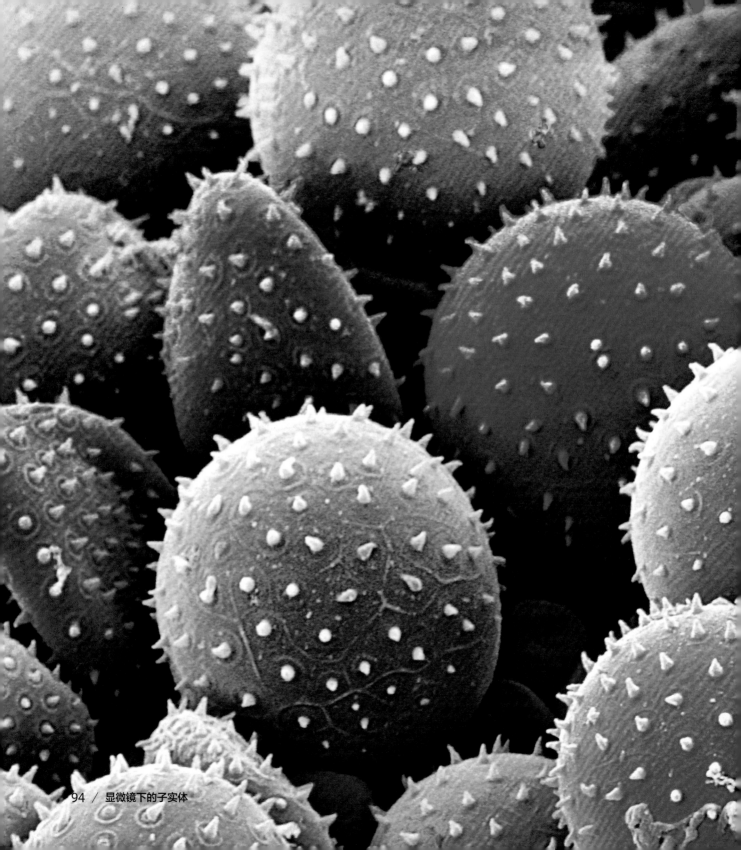

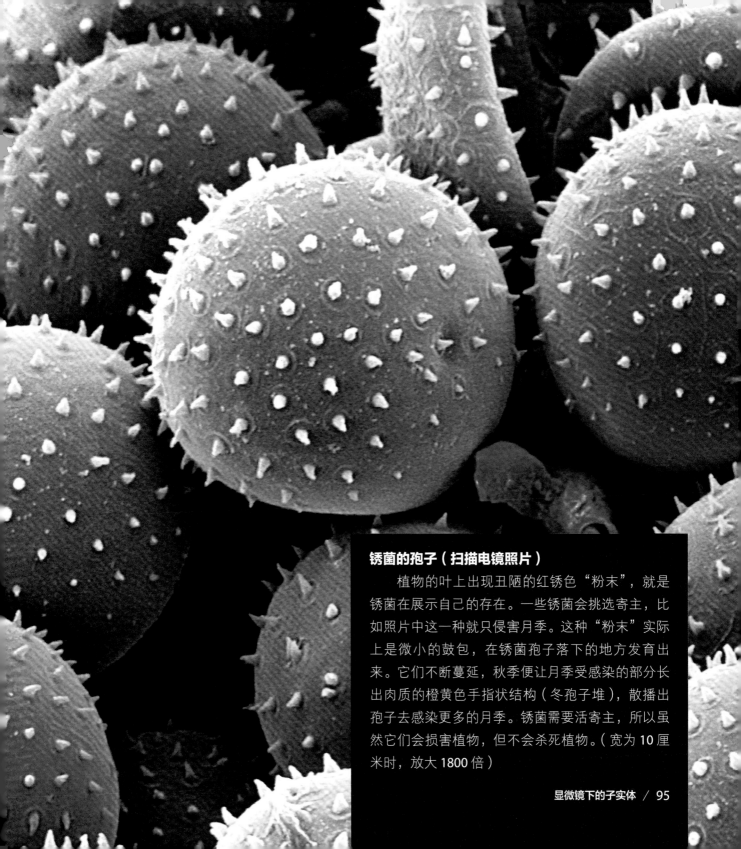

锈菌的孢子（扫描电镜照片）

　　植物的叶上出现丑陋的红锈色"粉末"，就是锈菌在展示自己的存在。一些锈菌会挑选寄主，比如照片中这一种就只侵害月季。这种"粉末"实际上是微小的鼓包，在锈菌孢子落下的地方发育出来。它们不断蔓延，秋季便让月季受感染的部分长出肉质的橙黄色手指状结构（冬孢子堆），散播出孢子去感染更多的月季。锈菌需要活寄主，所以虽然它们会损害植物，但不会杀死植物。（宽为 10 厘米时，放大 1800 倍）

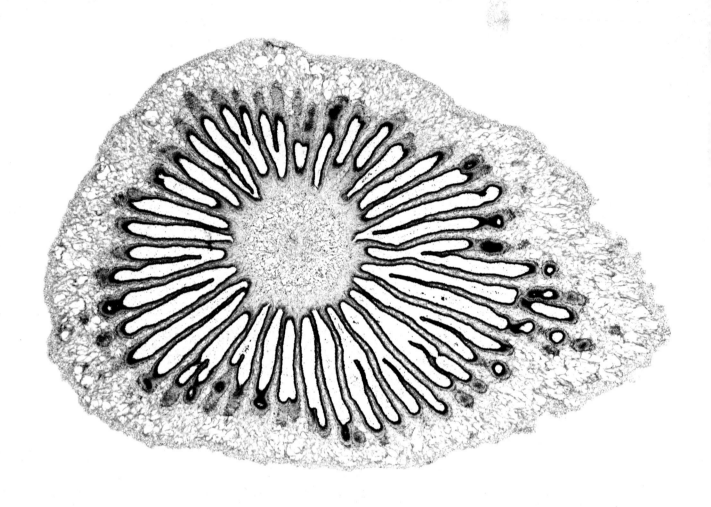

上图：蘑菇的褶帽（光学显微照片）

　　伞菌属 *Agaricus* 蕈类通称蘑菇，包括一些最为美味和最具毒性的蕈类。它们都长成标准的蘑菇形状，一根杆（菌柄）的顶上盖着一顶帽子（菌帽）。它们也都有菌褶 —— 菌帽下面呈放射状排列的皱褶状结构，可以产生孢子，照片展示了其横切面。幼小的蘑菇在菌褶外面罩着一层菌幕，可以保护它们；蘑菇成熟后，菌幕则残留在菌柄上，样子像一条褶边裙（菌环）。（宽为 10 厘米时，放大 11 倍）

右图：鸟巢菌（光学显微照片）

　　鸟巢菌是杯状的小型蕈类，生于腐烂的倒木上。巢中的"蛋"（小包）是这种真菌产生孢子的地方。从上方看去，孢子像是扁平的圆盘，它们的散播也非同寻常：当一滴雨水以正确的角度落到"巢"中时，它会把小包弹出，飞出"巢"的边沿，有时可到达离"巢"一米远的地方。在那里，会有某只动物把小包吃下、消化，之后孢子通过粪便排泄出来。（宽为 3.5 厘米时，放大 5 倍）

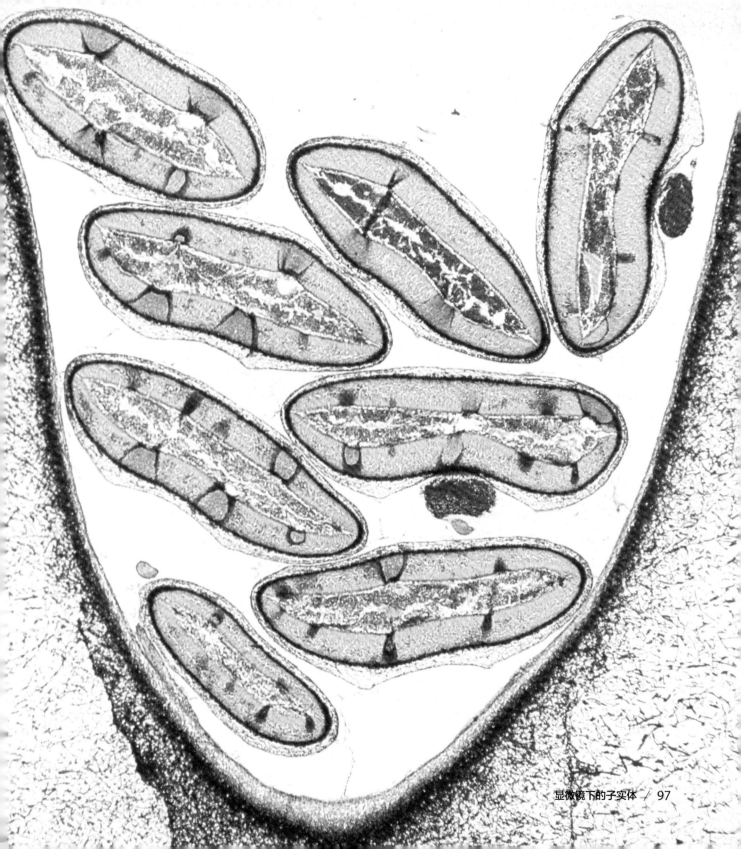

显微镜下的
木和叶

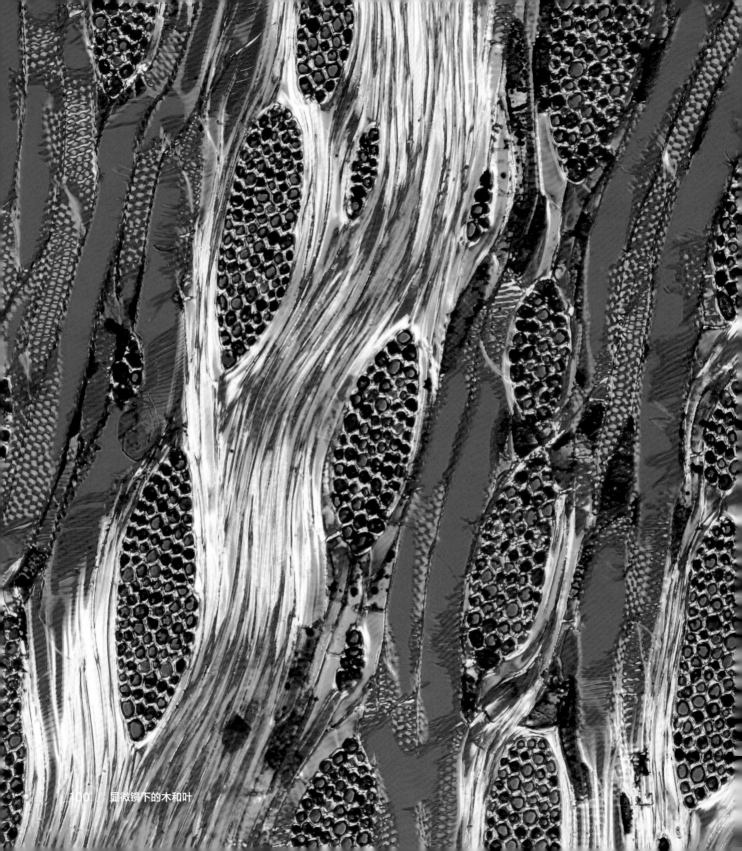

篇章页图：落叶松的木材（偏振光显微照片）

给树木分类的一种方法，是看它们是落叶树（每年都会落叶）还是针叶树（这类树会结球果，其中含有花粉和胚珠）。大多数温带树木属于其中一类，但落叶松类树木却同时属于这两类。它们是结球果的针叶树，雄球果和雌球果生于同一植株上；但是它们又会在秋季让针形的树叶凋落。正如照片所示，落叶松木材有致密的防水纹理，因此成为建造船舶和篱栏柱的有用木材。（宽为 10 厘米时，放大 27 倍）

左图：榆树的茎（光学显微照片）

我们大多数人很熟悉树木的年轮——当你横切开一段木材时，就能看到这一圈圈生长出来的同心圆环。有些落叶树还有射线，是从木材中央向外侧年轮辐射的线条。它们可以把必不可少的营养从茎的核心（髓）输送到边缘。在这幅榆树茎的横切面照片上，黑色区域就是射线，由很多细胞组成，把水和矿物质通过伪彩色的纤维输送到周边。（高为 10 厘米时，放大 100 倍）

右图：澳洲朱蕉的茎（光学显微照片）

在波利尼西亚，人们栽培澳洲朱蕉，收获其膨大的根，作为食物和草药。澳洲朱蕉又长又宽的扁平叶子也有很多用途——既可以铺设屋顶，又可以织成装饰性的或供仪式用的服装。在这张横切面照片上，你可以看到两条射线（周围环绕着黄色细胞），它们把营养从茎中央的髓输送到外层。澳洲朱蕉与龙血树有亲缘关系，在植物学上，它们都属于天门冬科的成员。（放大倍数未知）

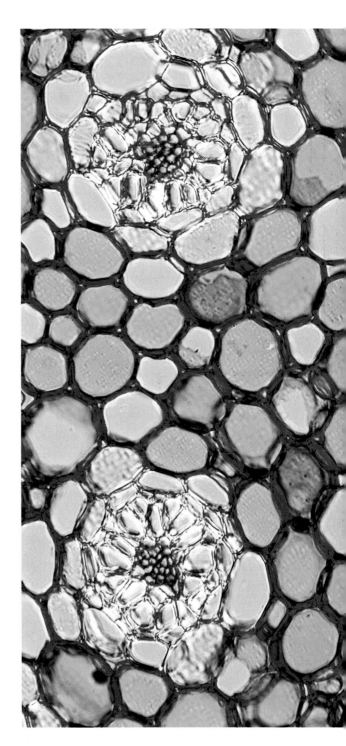

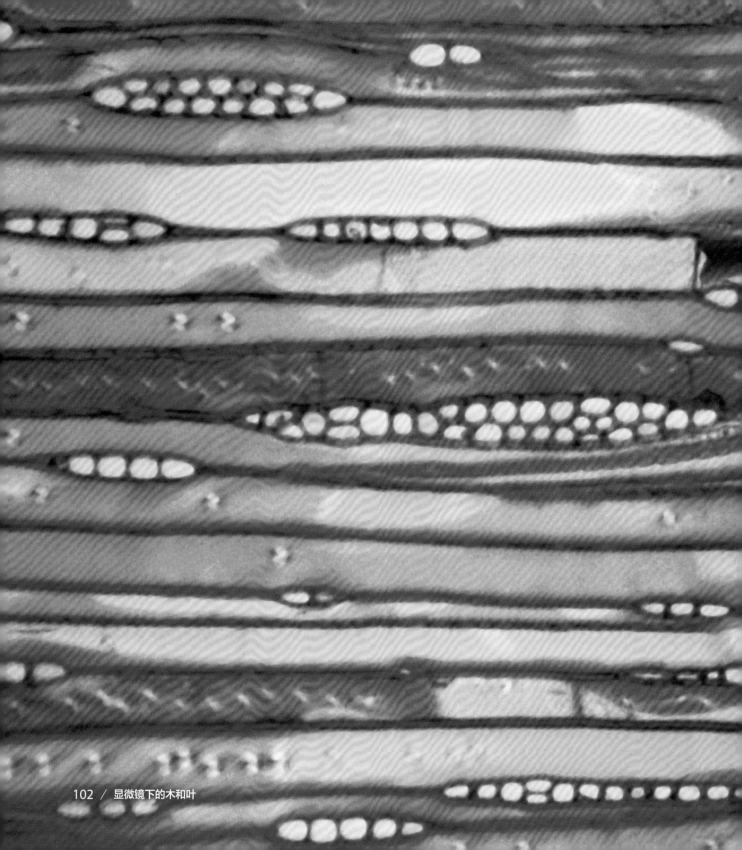

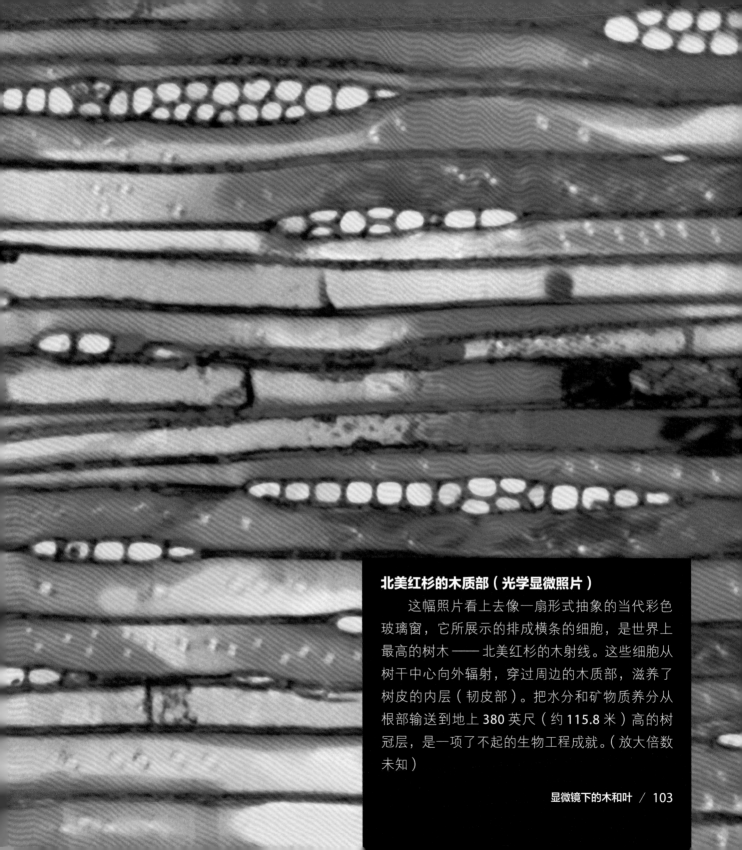

北美红杉的木质部（光学显微照片）

　　这幅照片看上去像一扇形式抽象的当代彩色玻璃窗，它所展示的排成横条的细胞，是世界上最高的树木 —— 北美红杉的木射线。这些细胞从树干中心向外辐射，穿过周边的木质部，滋养了树皮的内层（韧皮部）。把水分和矿物质养分从根部输送到地上 380 英尺（约 115.8 米）高的树冠层，是一项了不起的生物工程成就。（放大倍数未知）

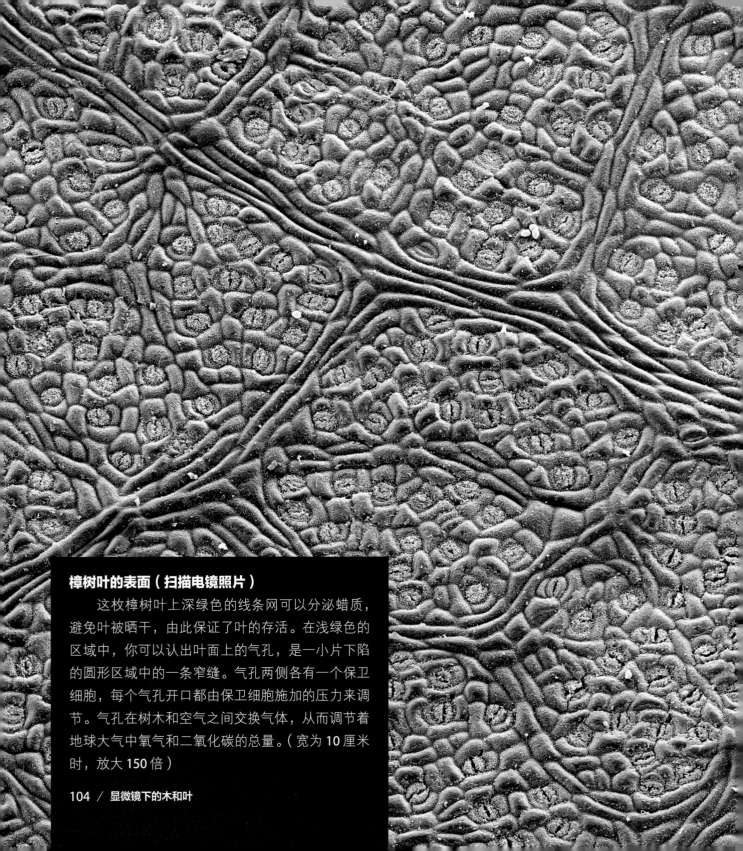

樟树叶的表面（扫描电镜照片）

　　这枚樟树叶上深绿色的线条网可以分泌蜡质，避免叶被晒干，由此保证了叶的存活。在浅绿色的区域中，你可以认出叶面上的气孔，是一小片下陷的圆形区域中的一条窄缝。气孔两侧各有一个保卫细胞，每个气孔开口都由保卫细胞施加的压力来调节。气孔在树木和空气之间交换气体，从而调节着地球大气中氧气和二氧化碳的总量。（宽为 10 厘米时，放大 150 倍）

油橄榄叶的鳞片（扫描电镜照片）

　　这些"花朵"实际上是油橄榄 *Olea europaea* 叶上鳞片状的毛。它们之所以演化出这种独特形状，是为了最大限度地减少水分损失。对于油橄榄所在的地中海国家的炎热、干燥、多风的气候来说，减少水分损失是植物必须具备的能力。在照片左下角你可以看到两个有狭窄开口的气孔，它们在白天可以吸收二氧化碳，释放氧气，在夜晚，则相反。（宽为 6 厘米时，放大 130 倍）

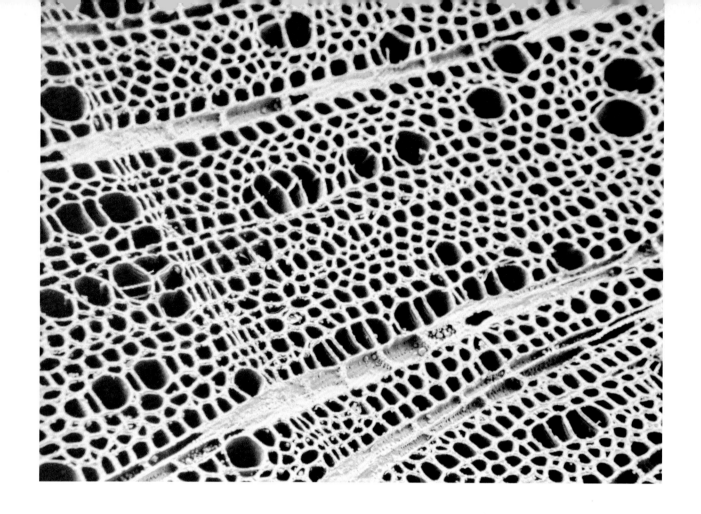

上图：玉兰木（扫描电镜照片）

　　这些是玉兰木中花边似的松散纤维（木质部细胞）。从右上角到左下角呈对角线穿过画面的是玉兰木中能提供营养的射线。从左上角到下方中部的较不明显的线，则是一圈年轮。图中这种玉兰是二乔玉兰，英文叫"碟玉兰"，因为它的花形如一只碟子。它有一个在北美洲培育的品种叫"格蕾斯麦克戴德"*Magnolia × soulangeana*（'Grace McDade'），其碟形的花直径可达 14 英寸（约 35.6 厘米）。（宽为 10 厘米时，放大 400倍）

右图：槐叶蘋（扫描电镜照片）

　　槐叶蘋 *Salvinia natans* 是一种漂浮生的蕨类。它的叶上生有这些非同寻常的毛簇，每一簇由 4 根毛组成，叫作"打蛋器状毛"。这些毛簇表面覆有微小的蜡滴，疏水性极强，可以在整片叶的表面捕获一层空气，让叶浮在水上，而且不会腐烂。但 4 根毛会聚的毛尖处却不防水，这样才能抓住水体，让植株保持稳定，进而让空气层也更为稳定。海洋建筑师正在研究这种"槐叶蘋效应"，想作为一种降低船舶阻力的方法，从而可以减少燃料消耗。（宽为 10 厘米时，放大 100 倍）

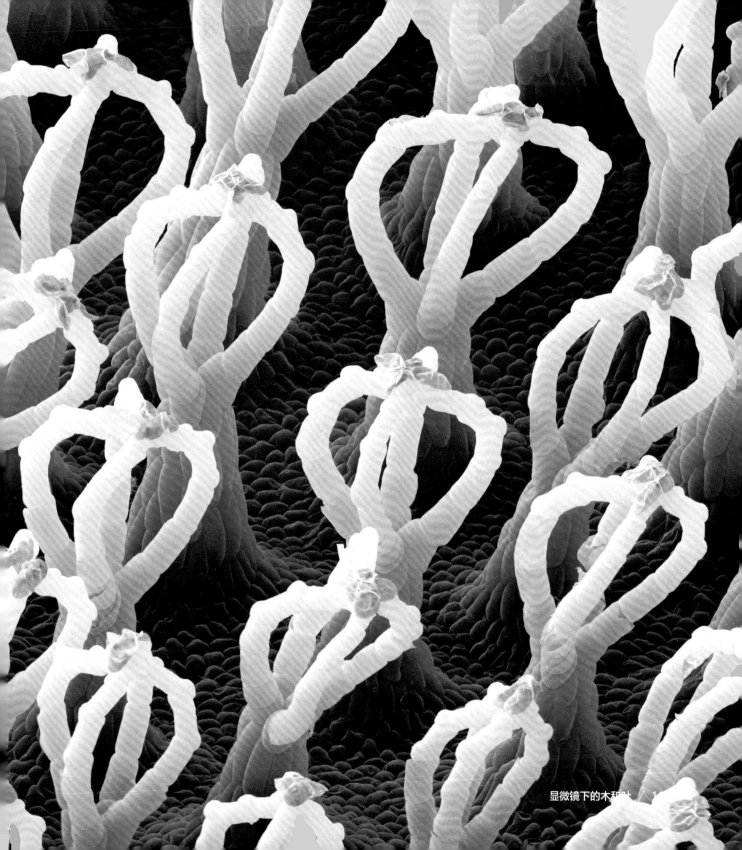

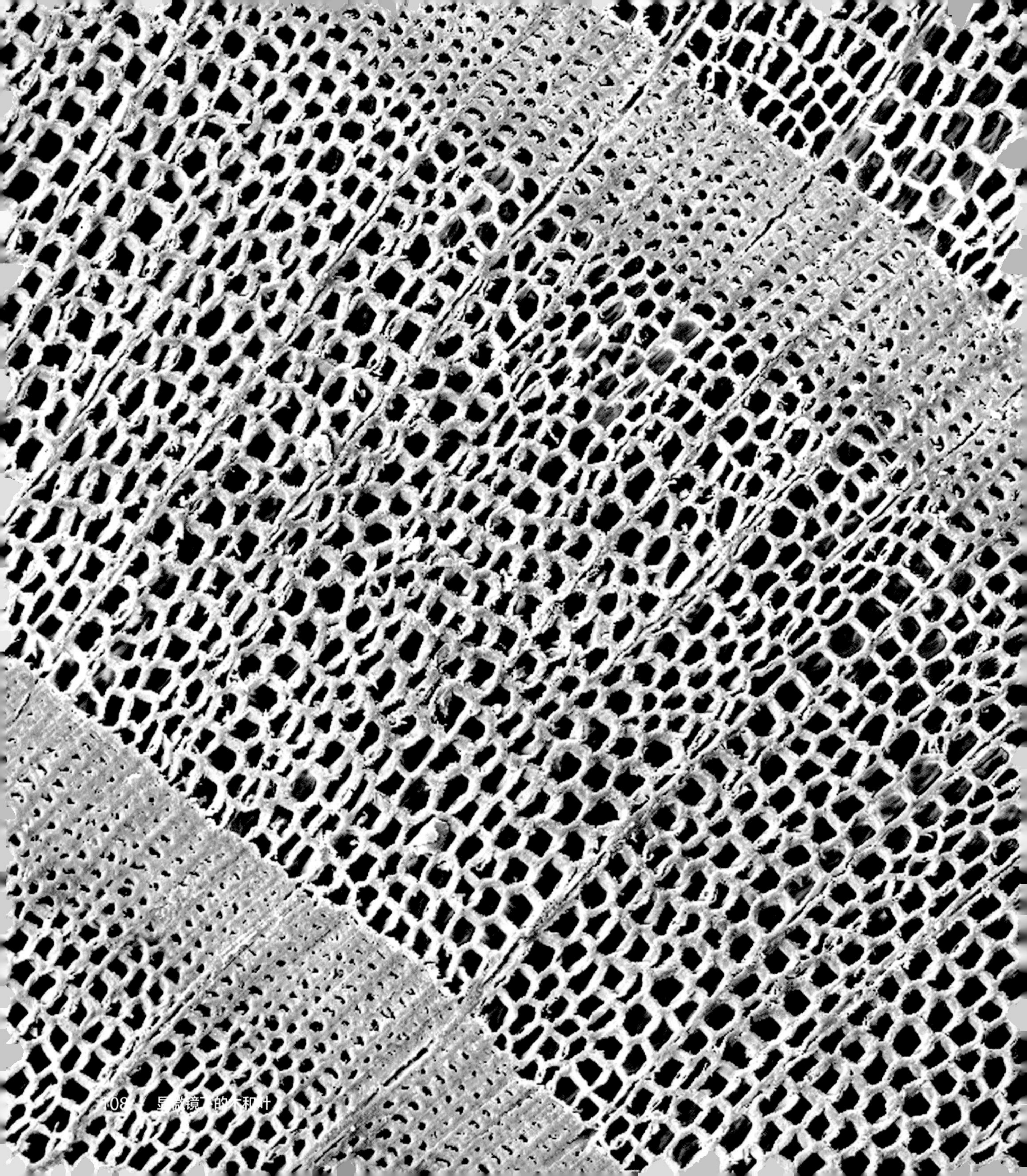

落叶松的年轮（扫描电镜照片）

　　对很多树来说，只要数一下它的年轮，就能知道它的年龄：每圈年轮代表一岁。年轮这种环状结构之所以能形成，是因为树木的生长在秋冬季会放缓，这时树木会产生较小而坚实的细胞，它们彼此靠得更紧密。而当春返大地，树木生长重新加快，这样一直到夏季，都会产生大得多、松散得多的细胞。对于年轮所示的生长模式的考古研究，能够为历史上的木材精确定年，这就是树木年代学。（宽为 10 厘米时，放大 60 倍）

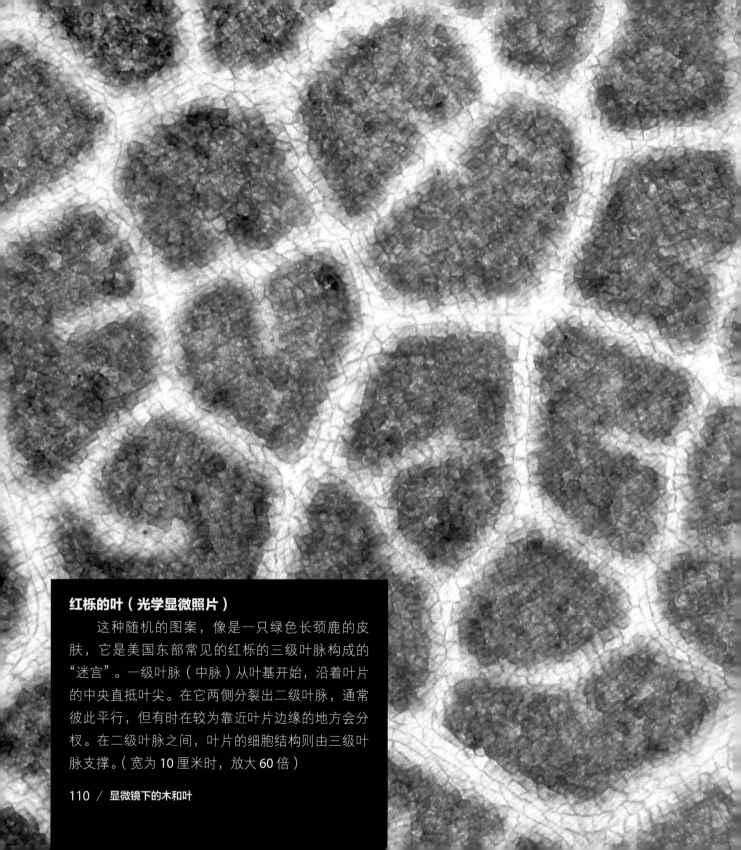

红栎的叶（光学显微照片）

　　这种随机的图案，像是一只绿色长颈鹿的皮肤，它是美国东部常见的红栎的三级叶脉构成的"迷宫"。一级叶脉（中脉）从叶基开始，沿着叶片的中央直抵叶尖。在它两侧分裂出二级叶脉，通常彼此平行，但有时在较为靠近叶片边缘的地方会分权。在二级叶脉之间，叶片的细胞结构则由三级叶脉支撑。（宽为 10 厘米时，放大 60 倍）

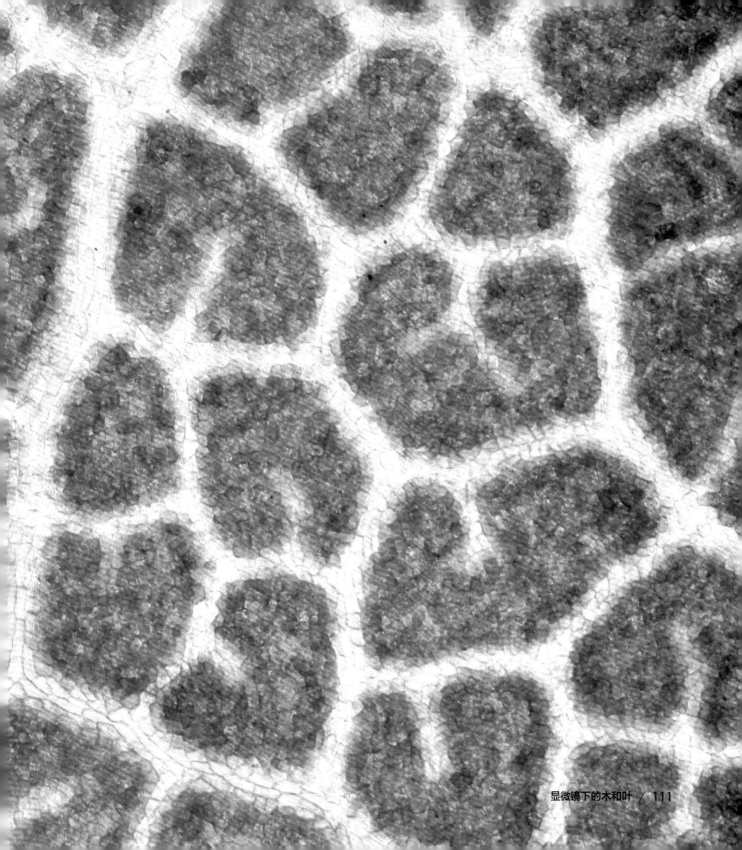

左图：西洋接骨木的叶表（光学显微照片）

在这幅经过色彩增强的照片中，一张张的"嘴"是西洋接骨木叶片下表面的气孔。其"双唇"是保卫细胞，在气孔两侧扩张和收缩，由此可以让它们之间的气孔闭合和开放，从而允许气体交换。在白天，植物把氧气这种光合作用的副产品释放出去，同时吸入二氧化碳，这是它们在产生新细胞时唯一利用的碳源。到夜晚，植物又呼出二氧化碳，吸入氧气。可见，树木的确是地球之肺。（高为 3.5 厘米时，放大 200 倍）

右图：一种巴西藤类（光学显微照片）

在热带雨林中有很多木质藤本植物，虽然它们在森林中开辟了重要的向上通道，却会让它们所攀附或穿越的树木站立不稳。它们会与树木竞争光线与营养。一棵倒下的树木如果通过藤本植物与另一棵树相连，则可能把那棵树木也拽倒。在这幅横切面照片中，环形的结构是这种藤类中心纤维构成的纤维束，也就是木质。这些纤维束平行生长，为藤茎赋予了柔韧性。环绕它们的红色区域是射线，把营养输送到藤茎的外皮。（放大倍数未知）

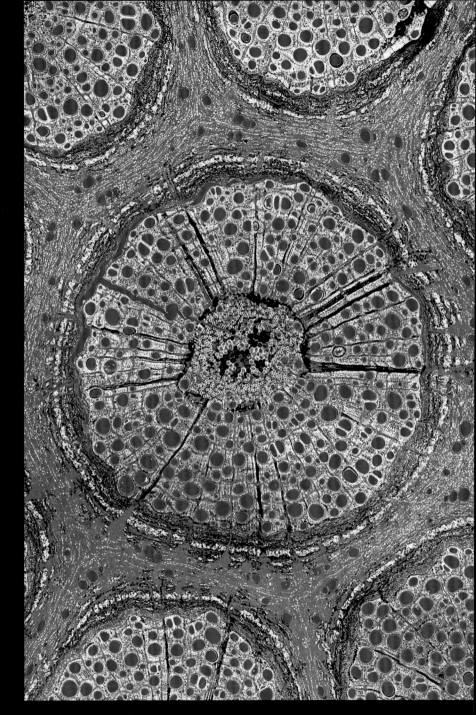

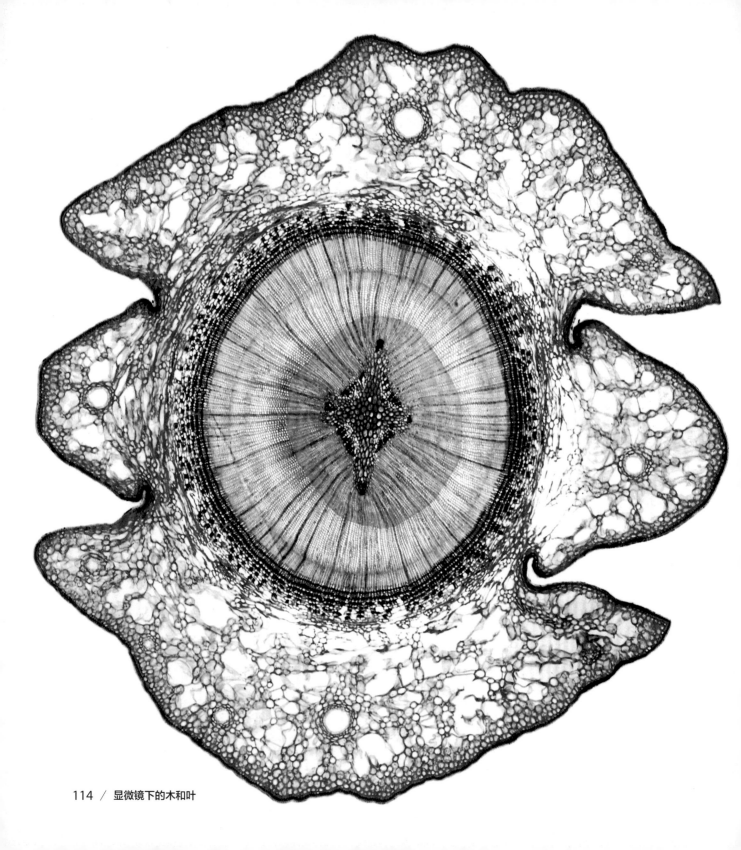

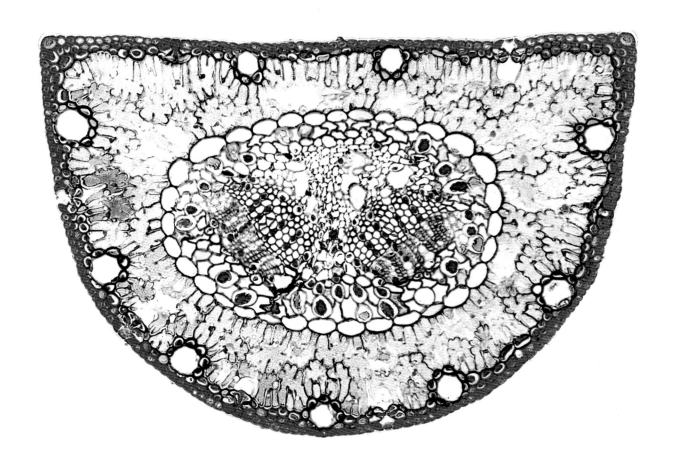

左图：日本扁柏的茎（光学显微照片）

在这幅日本扁柏小枝的横切面照片中，带有辐射状射线的橙色物质是木质（木质部细胞）。在它外面，黑色和粉红色的圆圈层是构成内层树皮的韧皮部细胞。在木质部和韧皮部之间连续不断的红圈层是形成层，是由生长细胞构成的环带，向内生长出木质部细胞，向外生长出韧皮部细胞。环绕着茎的 4 个裂瓣是一种少见的叶的形式，它们只有一条叶脉（每个裂瓣中的圆圈），而且已经与茎的表面合生了。（宽为 10 厘米时，放大 14 倍）

上图：松针（光学显微照片）

松针是在干旱气候中为了尽可能减少水分蒸发而演化出来的叶。松树在今天仍然依赖它们的松针进行光合作用，这个功能由叶肉（绿色）执行，它们紧挨在针叶中细胞壁较厚的橙色表皮（上皮）之下。大型白色细胞组成的环带（内皮）在树木和针叶之间运输水分和养分。它包围着由韧皮部细胞（蓝色）和木质部细胞（红色）构成的木质化的中心。（宽为 10 厘米时，放大 46 倍）

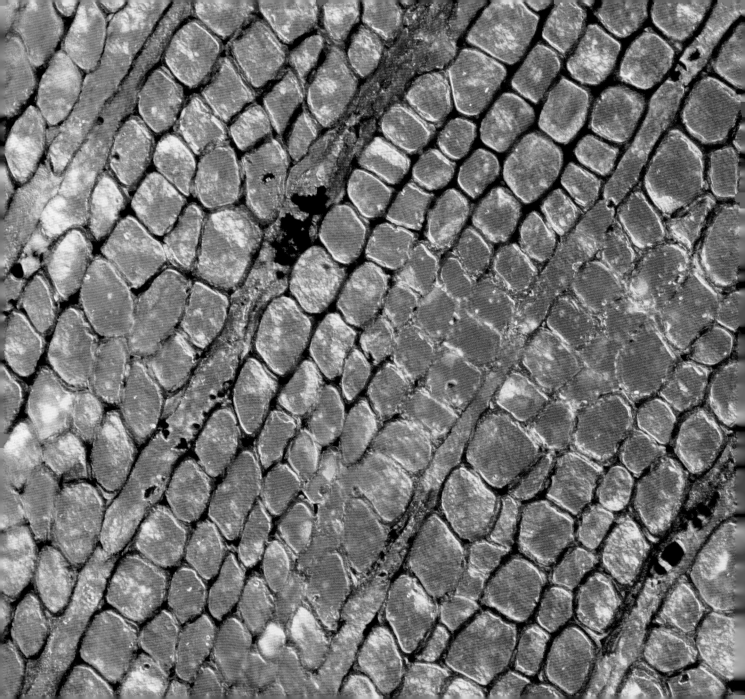

左图：化石木（光学显微照片）

这是 3.75 亿年的纽贝里氏美木 Callixylon newberryi 已经化石化的切片。这个种是最早生长在大型森林中的树种之一。那个时候（泥盆纪晚期）的气候，通常要比现在的气候温暖而干燥。纽贝里氏美木就是今天针叶树的祖先。泥盆纪期间森林的扩张，导致大气中的二氧化碳含量下降。植物把碳禁锢起来之后，在接下来的石炭纪，便逐渐形成了今天世界上的很多煤田。（宽为 7 厘米时，放大 80 倍）

右图：桐叶槭的茎（光学显微照片）

在这幅照片中，茎的红色外层含有木栓，这是桐叶槭（以及其他树木）在秋季长出来的结构，用来保护它们安然度过冬季最严酷的时期。第二年春季，新芽萌动（照片右侧，在茎的上方和下方），首先叶从这些芽长出，然后由浅绿色花朵构成的悬垂花序便会绽放。在秋季，带翅的果实（翅果）会旋转着下落，让风能来得及把它们送往更远的地方。（放大倍数未知）

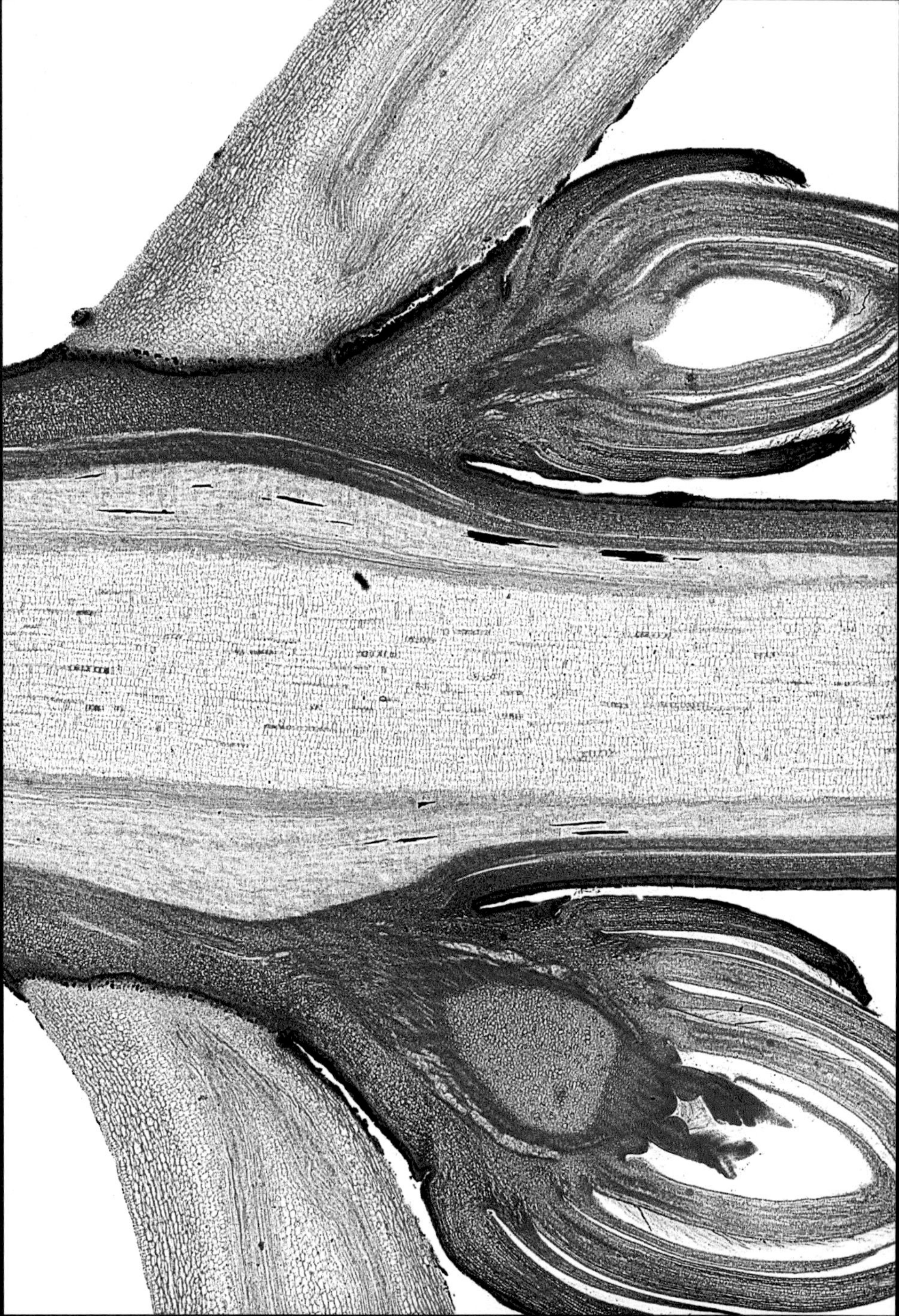

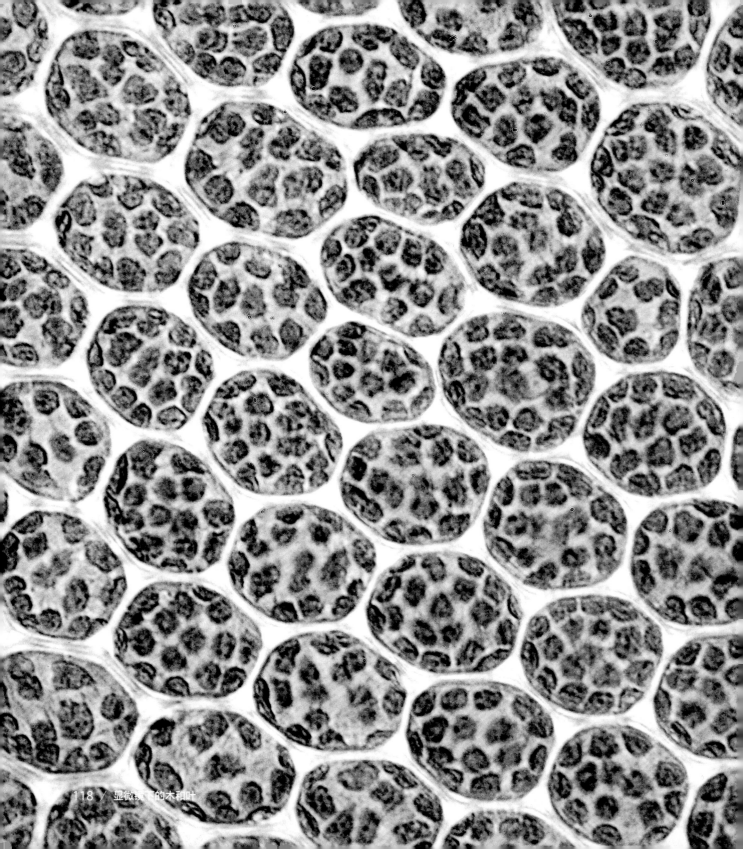

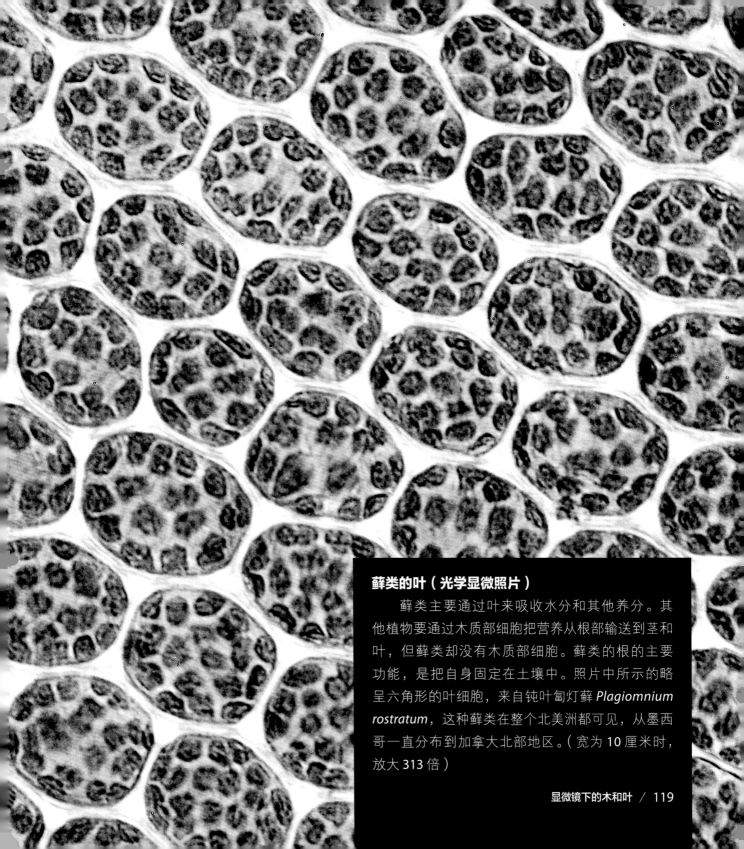

藓类的叶（光学显微照片）

　　藓类主要通过叶来吸收水分和其他养分。其他植物要通过木质部细胞把营养从根部输送到茎和叶，但藓类却没有木质部细胞。藓类的根的主要功能，是把自身固定在土壤中。照片中所示的略呈六角形的叶细胞，来自钝叶匐灯藓 *Plagiomnium rostratum*，这种藓类在整个北美洲都可见，从墨西哥一直分布到加拿大北部地区。（宽为 10 厘米时，放大 313 倍）

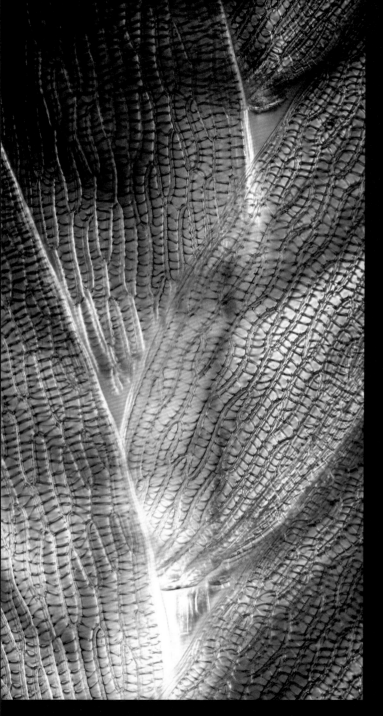

左图：泥炭藓（光学显微照片）

泥炭藓的叶属于 380 种泥炭藓中的一种，它们簇生在藓茎的周围。与其他藓类一样，泥炭藓吸收的水分可达它本身重量的大约 20 倍。它之所以能做到这一点，是因为有两种类型的叶细胞：一种是较小的绿色活细胞，专门进行光合作用；另一种是较大的透明死细胞，可以涵蓄水分。泥炭藓对于泥炭沼泽的形成很重要，这种沼泽又是其他一些形态特化的植物所栖息的生境。泥炭就来自以前的泥炭沼泽。（宽为 10 厘米时，放大 100 倍）

右图：滨草的叶（光学显微照片）

滨草 Ammophila arenaria（照片展示了其横切面）是能够固定海滨沙丘的北欧本土植物。如果没有滨草，海滨沙丘可能会流动到人类的农田和建筑物等地域之上。当干燥的风刮来时，在迅速失水的沙丘上，滨草细长的叶可以向内卷曲，保持住水分；它们由此形成了一根尖锐的保护性套管，里面衬有一层毛（左下角），可以减缓穿梭其中的风速。叶的外表面（右上角）则覆有蜡质，细胞壁也较厚。一列木质部细胞（红色）为整片叶提供了营养。（宽为 10 厘米时，放大 138 倍）

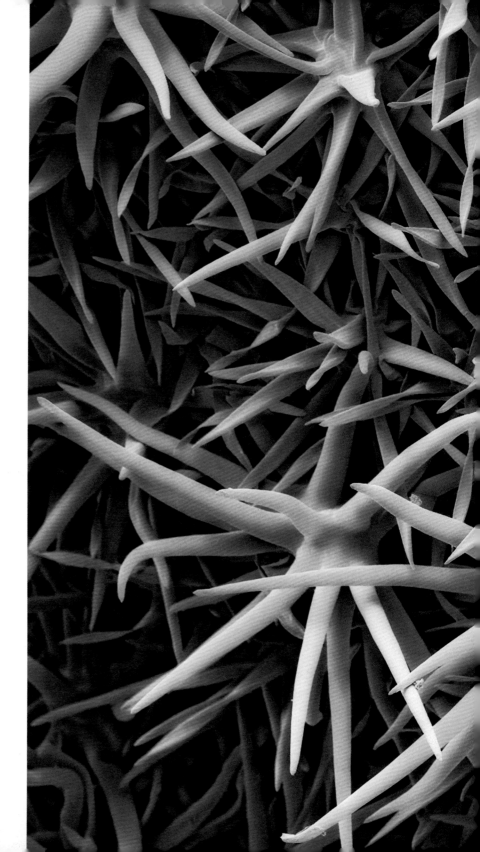

右图：毛被（扫描电镜照片）

　　毛被是毛的总称。这是墨西哥和美国西南部一种本土植物的软毛，这种植物因此被叫作"绵绒树"。植物发育出的毛被有多种功能，比如可以保护它们不受严酷环境的侵扰，或是可以分泌挥发油等。有些毛被可以利用味道、质地或蜇刺（就像荨麻那样）来驱逐食草动物。在区别近缘种时，毛被常常是重要特征。因此，植物学术语表中有很多词汇描述毛被——举例来说，"具糙毛的"指毛硬如鬃毛；"具短柔毛的"指毛短细如茸毛；"具贴伏毛的"则是说毛的尖端全都朝向同一个方向。（宽为 10 厘米时，放大 100 倍）

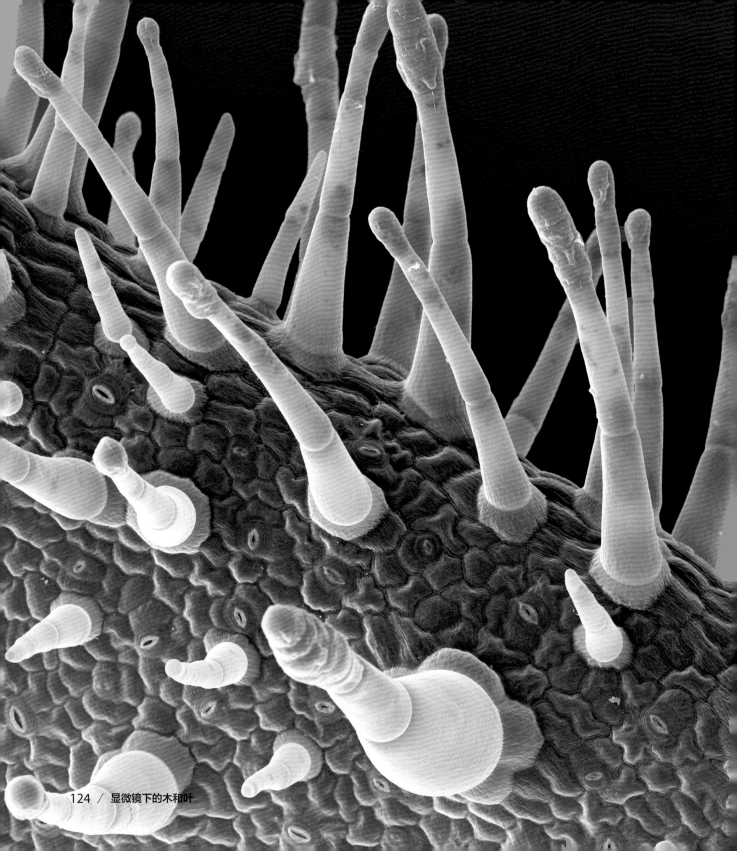

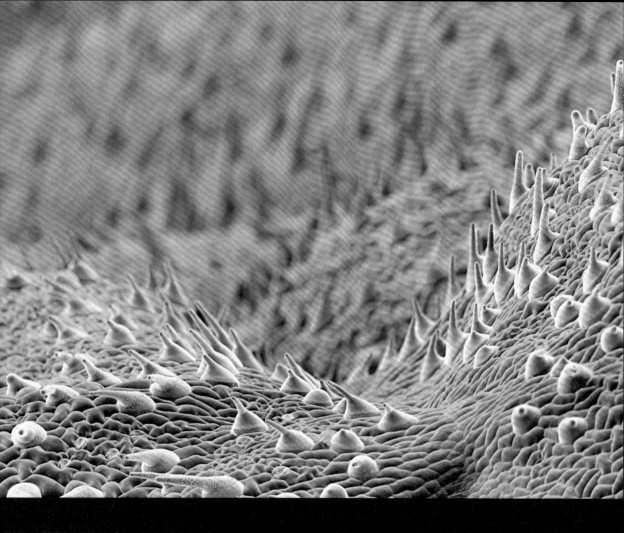

左图：花烟草的叶（扫描电镜照片）

　　花烟草 *Nicotiana alata* 叶片上表面的毛被是腺体，可以分泌一种有臭味的化学物质，以驱逐害虫。这些腺体释放的化学物质属于萜类，在萜类中也有气味愉悦的种类，广泛用在芳香疗法中。除了气味之外，萜类也会影响味道和颜色。所有活生物体内都有萜类。烟草类植物的毛被释放的大量二萜，是食品和维生素工业的生物工程师颇感兴趣的复杂化合物。（放大倍数未知）

上图：大麻叶的毛被（扫描电镜照片）

　　大麻脂（四氢大麻酚）是由大麻 *Cannabis sativa* 叶上的腺毛（黄色）分泌的，大麻细胞在照片中为绿色。大麻是毒品植物，大麻脂是大麻毒品的一种，此外大麻的叶和花还可以制成另一种大麻毒品，二者在英文中各有专名。然而，大麻最早是一种纤维作物，其产纤维的品种已知最早被利用，是在大约 1 万年前。公元 900 年前后，大麻传到阿拉伯；大麻毒品的英文名之一——hashish，本来是阿拉伯语词，意为"草"。（宽为

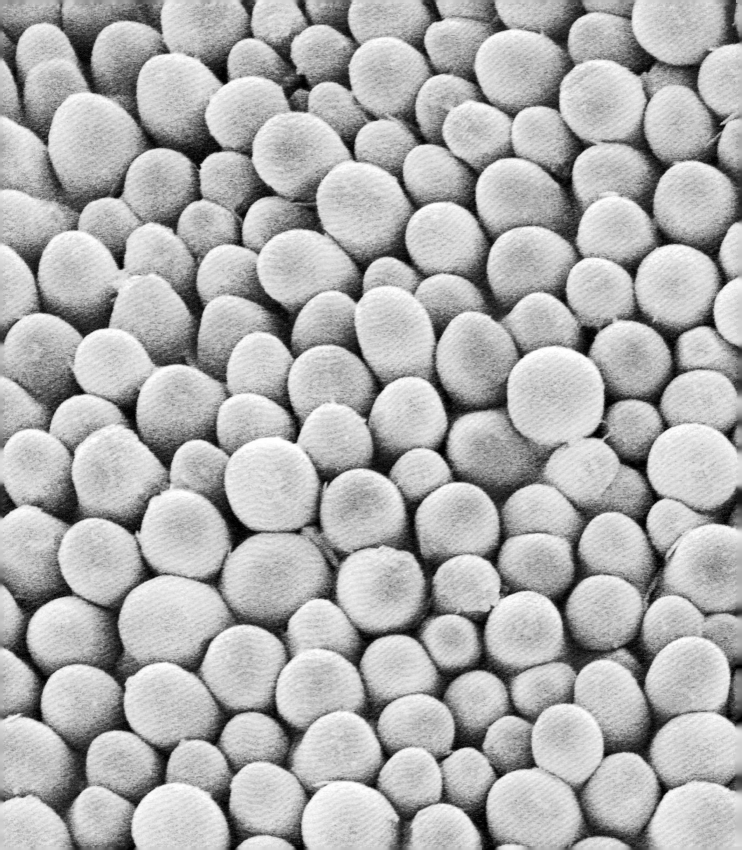

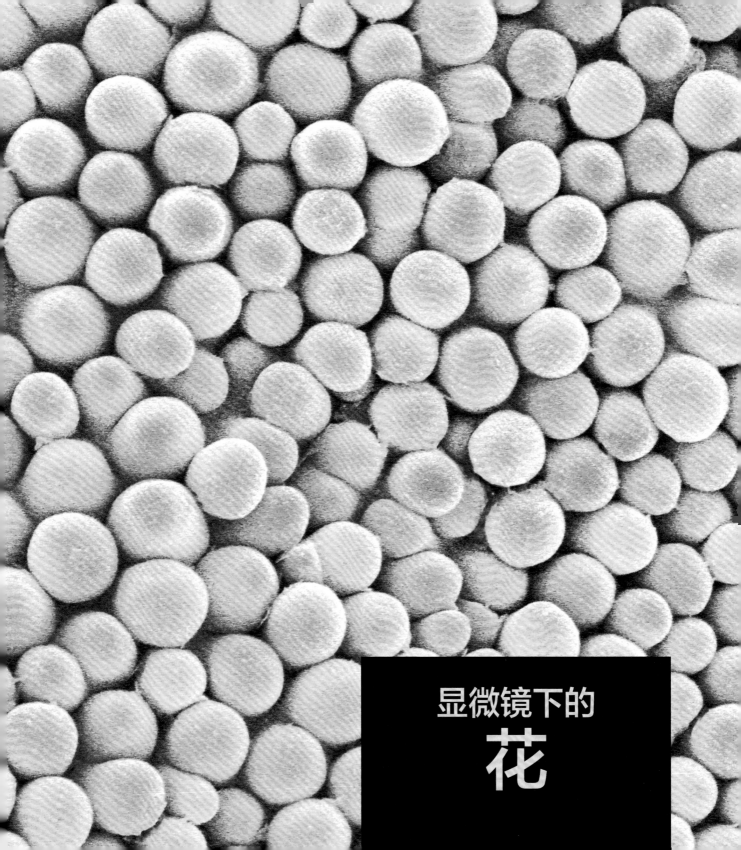

显微镜下的
花

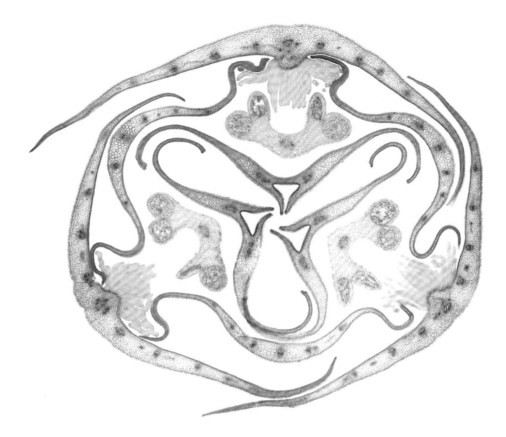

篇章页图：欧洲油菜的花瓣（扫描电镜照片）

植物从根和叶汲取营养；但对于物种的未来，最为关键的事情是要成功地播种出下一代。为了实现这一点，它们必须传粉。花朵无穷无尽的样貌变化，是争夺蜂类、鸟类或兽类等传粉者注意力的方式。这幅照片是欧洲油菜（rape，来自拉丁文 *rapum*，本义是芜菁）花瓣的细节。油菜有大量商业化种植，为的是用种子榨油。油菜田开花时，大片大片的黄色，像地毯铺缀在乡间。（放大倍数未知）

上图：鸢尾的花芽（光学显微照片）

萼片是花基部的叶，但有些萼片演化成了类似花瓣的样子，协助上方的花瓣，让花更为显眼。在这幅鸢尾花芽横切面的照片中，内侧螺旋桨一般的形状，是由中央的 3 枚花瓣构成的。外侧一轮 3 枚萼片，在花开放后会用其上的"胡须"（黄色）吸引传粉昆虫，并起到"着陆平台"的作用。前来访花的昆虫会让身体刷过产生花粉的花药（褐色），把花粉带往它们要拜访的下一朵花。（宽为 10 厘米时，放大 22 倍）

右图：西番莲的花芽（光学显微照片）

西班牙的天主教传教士用西番莲的花来象征耶稣的受难，所以西番莲也叫"受难花"。比如在这幅花芽横切面照片中，5 枚花瓣内由小型盘状物构成的两个圆圈在花开放后会成为花中放射状的丝状物，此是西番莲花的一大特征，据说这些丝状物象征了耶稣戴的荆棘冠。5 枚花药（4 裂瓣的大型结构）像是耶稣身上的 5 个伤口，中央的 3 个柱头则像是把他钉上十字架的 3 枚钉子。（宽为 10 厘米时，放大 8 倍）

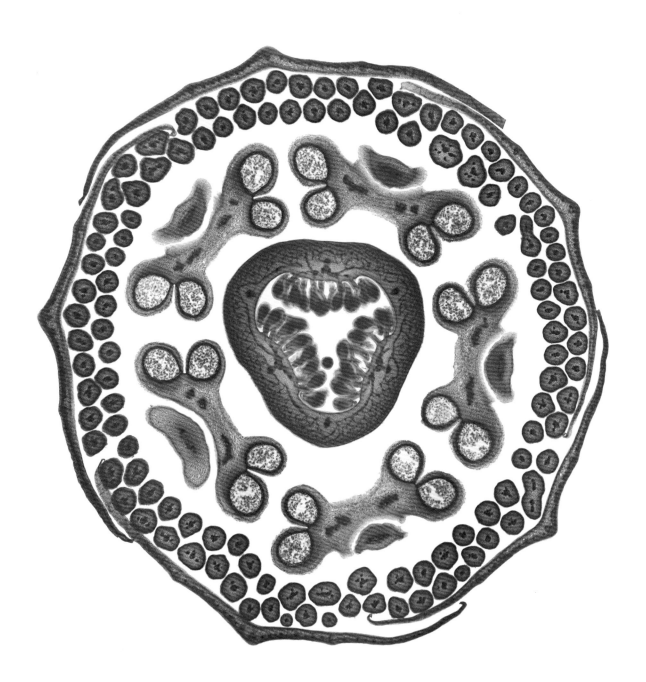

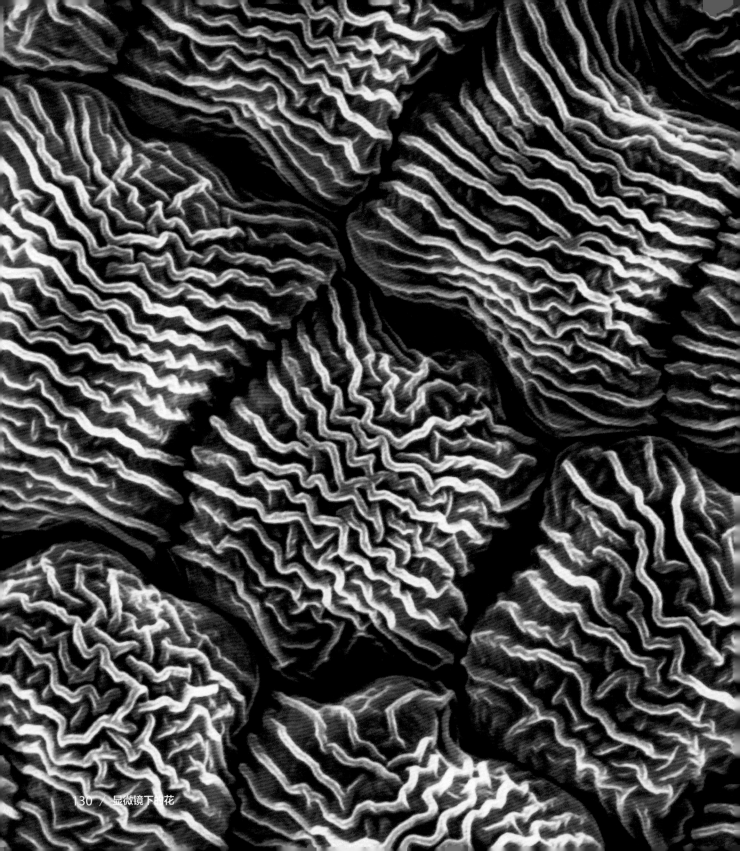

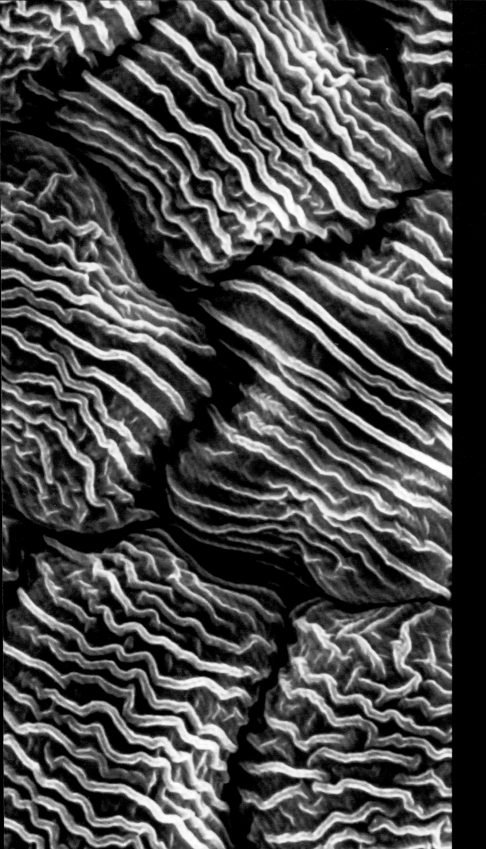

这幅经过色彩增强的照片
展示了新疆白芥花瓣表面的复
杂结构。一个个隔出来的断块
叫乳头，它们可以限制水分流
失，从而避免柔弱的花瓣萎蔫。
花也用这种图案来吸引蜂类和
蝶类 —— 它传粉所倚赖的昆
虫。传粉之后，新疆白芥会结
出又长又细的果荚，对兽类有
毒，但对鸟类无害，于是鸟类
就成了这种植物的主要种子传
播者。（高为 2.5 厘米时，放大
470 倍）

上图：鸡屎藤的花（光学显微照片）

　　为了吸引传粉者，花既会利用外观，也会利用气味。这朵美丽的鸡屎藤花采用了双重策略，可以吸引蝇类，但恐怕吸引不了人类。鸡屎藤的拉丁名是 *Paederia foetida*，所在的鸡屎藤属在英文中俗名 sewer vine，意为"下水道藤"。鸡屎藤的茎叶在碾碎后会散发一种硫化物的恶臭，尽管如此，在印度东北部，人们仍把它当成香料。它又名为"中国发烧藤"，表明它在中国民间医药中有退热的用处。它还有另一个英文名是 skunk vine，意为"臭鼬藤"。（放大倍数未知）

右图：钝叶车轴草（扫描电镜照片）

　　花被是花冠（花瓣的合称）和花萼（萼片的合称）的统称。花瓣和萼片都是变态的叶。在这幅钝叶车轴草 *Trifolium dubium* 花序的照片中，你可以看到其中实际上包含了很多较小的花，术语叫"小花"。其花冠由尖瘦的乳黄色花瓣构成，每枚花冠下部都包在各自的绿色花萼中。车轴草属 *Trifolium* 拉丁名意为"具三枚叶的"，所以这类植物又俗称"三叶草"；钝叶车轴草这个种是 3 裂瓣的爱尔兰三叶草的原型。车轴草属植物偶尔也会产生叶片 4 裂瓣的变异，这便是民间传说中带给人幸运的四叶草。（放大倍数未知）

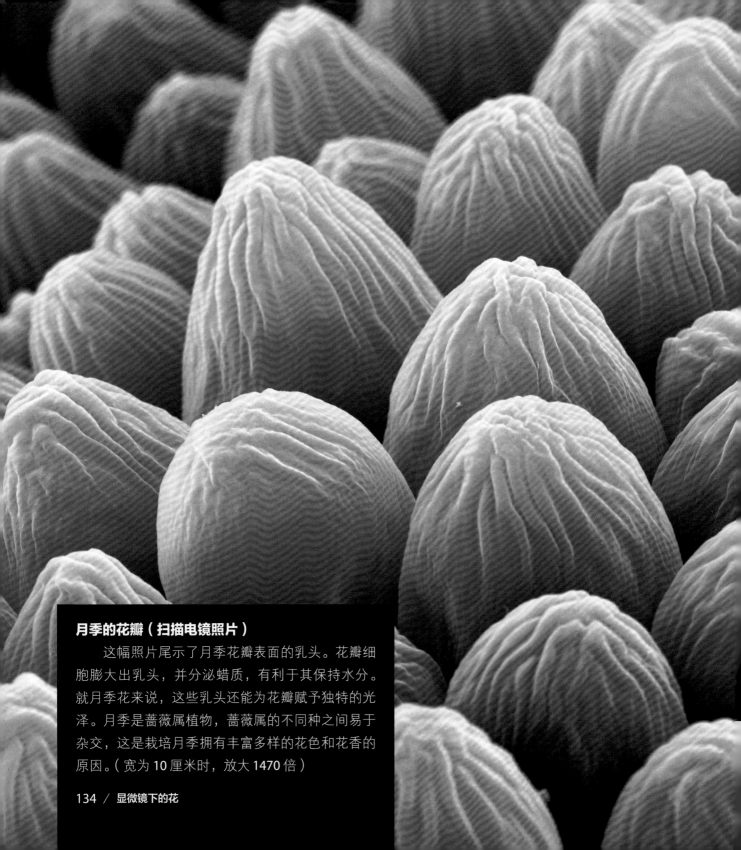

月季的花瓣（扫描电镜照片）

　　这幅照片展示了月季花瓣表面的乳头。花瓣细胞膨大出乳头，并分泌蜡质，有利于其保持水分。就月季花来说，这些乳头还能为花瓣赋予独特的光泽。月季是蔷薇属植物，蔷薇属的不同种之间易于杂交，这是栽培月季拥有丰富多样的花色和花香的原因。（宽为 10 厘米时，放大 1470 倍）

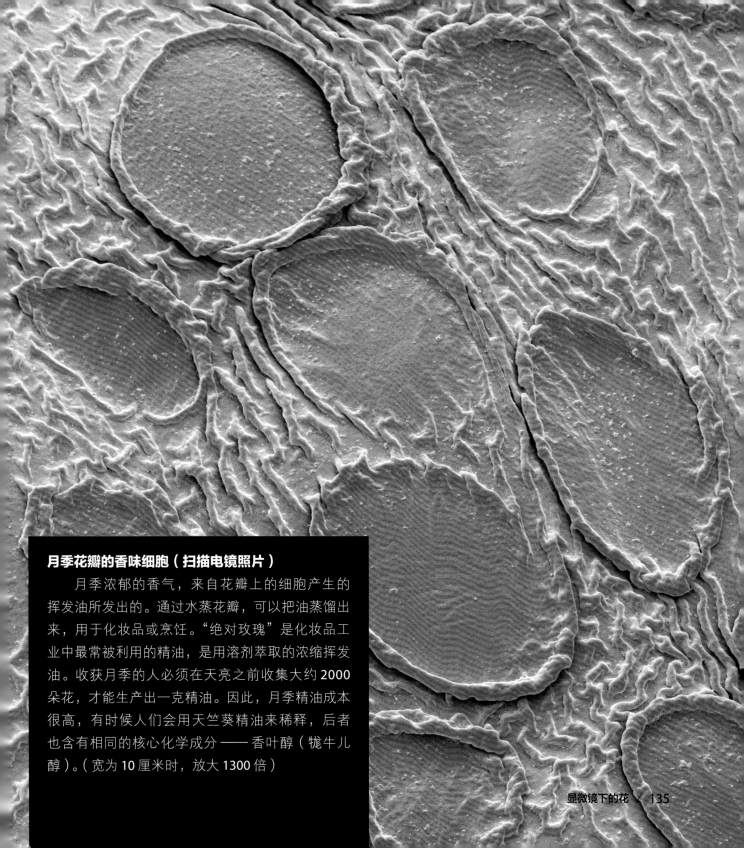

月季花瓣的香味细胞（扫描电镜照片）

    月季浓郁的香气，来自花瓣上的细胞产生的挥发油所发出的。通过水蒸花瓣，可以把油蒸馏出来，用于化妆品或烹饪。"绝对玫瑰"是化妆品工业中最常被利用的精油，是用溶剂萃取的浓缩挥发油。收获月季的人必须在天亮之前收集大约 2000 朵花，才能生产出一克精油。因此，月季精油成本很高，有时候人们会用天竺葵精油来稀释，后者也含有相同的核心化学成分 —— 香叶醇（牻牛儿醇）。（宽为 10 厘米时，放大 1300 倍）

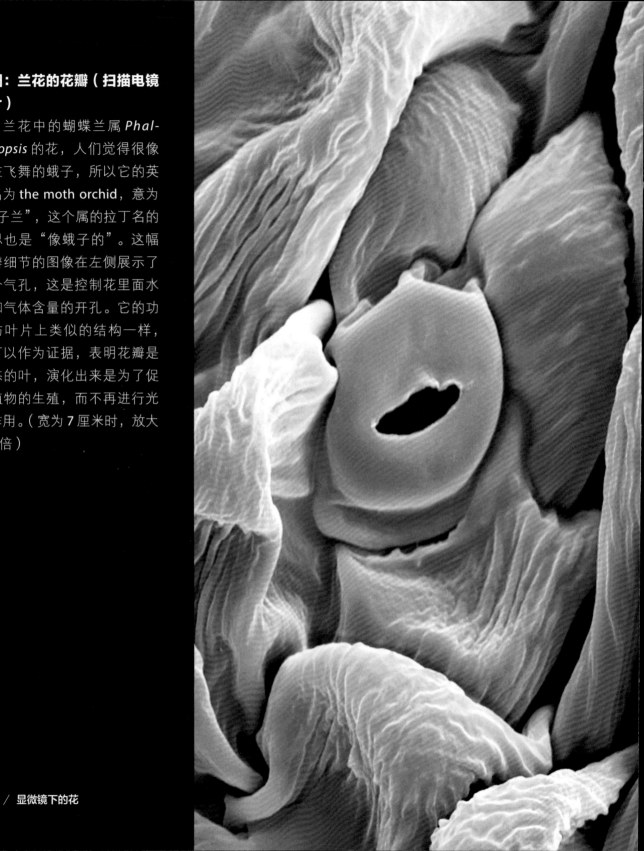

右图：兰花的花瓣（扫描电镜照片）

兰花中的蝴蝶兰属 *Phalaenopsis* 的花，人们觉得很像正在飞舞的蛾子，所以它的英文名为 the moth orchid，意为"蛾子兰"，这个属的拉丁名的意思也是"像蛾子的"。这幅花瓣细节的图像在左侧展示了一个气孔，这是控制花里面水分和气体含量的开孔。它的功能与叶片上类似的结构一样，这可以作为证据，表明花瓣是变态的叶，演化出来是为了促进植物的生殖，而不再进行光合作用。（宽为 7 厘米时，放大 425 倍）

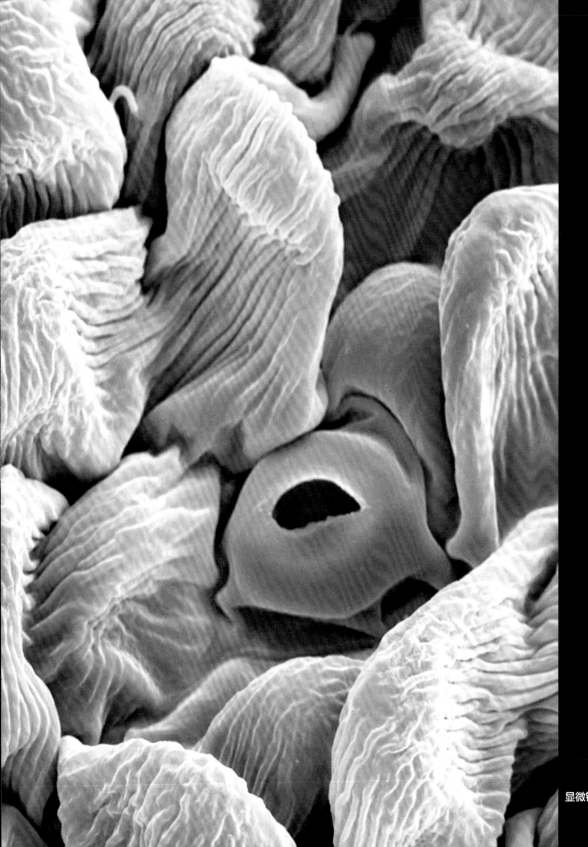

显微镜下的花

左图：水薄荷花的细胞（光学显微照片）

这是一枚水薄荷花瓣的表面。这些花瓣构成了微小的小花，许多小花合起来又构成了半球形的花序。虽然很多植物适应于吸引专门的、特化的传粉者，但是许多种昆虫都可以为水薄荷传粉，在昆虫种群容易发生剧烈波动的生态环境中，这可以成为一种优势。如果植物只依赖唯一一种昆虫传粉，那么一旦它们数量衰减，植物就会处在危机之中。（高为 10 厘米时，放大 680 倍）

右图：缬草的花瓣（扫描电镜照片）

这些不规则六角形的细胞，是缬草花瓣表面的乳头。野生缬草的花是粉红色或白色的；园艺上栽培的红花品种只是野生缬草的远亲。缬草常作为草本催眠疗法的成分来源，人类利用它镇静安神已有至少 2500 年历史了。这种药是用缬草根制作的。缬草花有浓郁香气，所以过去曾经作为香水使用。（宽为 10 厘米时，放大 300 倍）

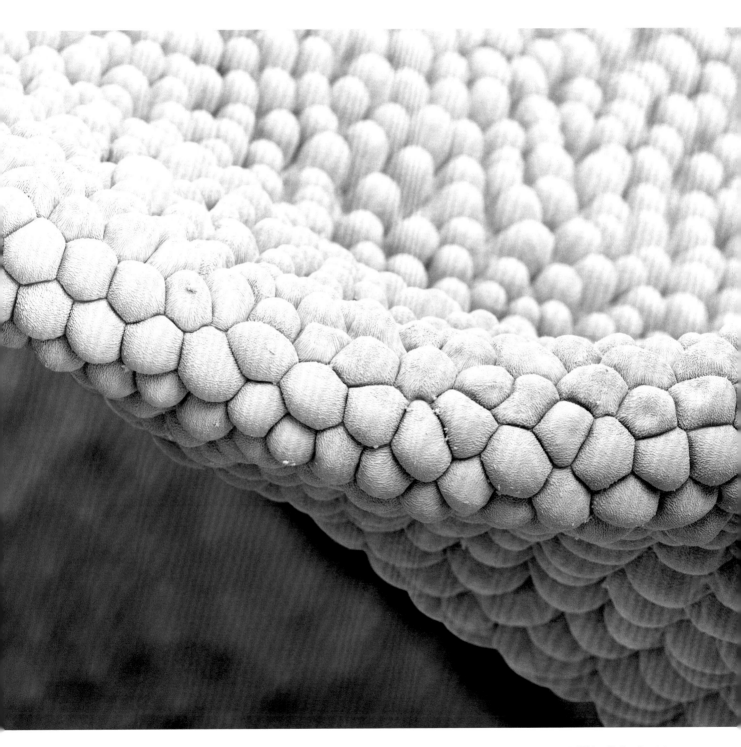

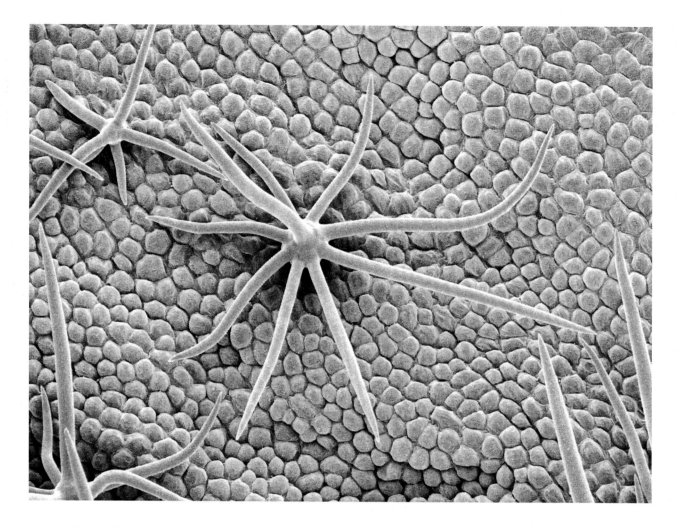

上图：茄子的花瓣（扫描电镜照片）

茄子花瓣表面的毛簇既可以遮阴，帮助在温暖的天气减少水分损失；又可形成屏障，对抗茄子比较敏感的霜冻。茄子的花、叶和根都含有一种天然杀虫剂——龙葵碱，让植株可以抵御食草动物，但这种物质对人类也有毒。茄子的果实在植物学上属于浆果，其中有种子。种子尝上去有烟草味道，而烟草是与茄子有亲缘关系的植物。（放大倍数未知）

右图：繁缕花的雌蕊（扫描电镜照片）

这幅经过计算机增益的照片，是繁缕的花中围绕在雌性生殖器官（雌蕊）柱状部分（花柱）周围的柱头。柱头捕获繁缕花的花粉，之后花粉进入花柱，前往卵所在的小室（子房）。子房内壁有一层卵（胚珠），它们一旦受精，就会迅速成熟，结出种子四处散落。这些种子在晚秋或冬季萌发。繁缕叶可食，用于制作沙拉。（放大倍数未知）

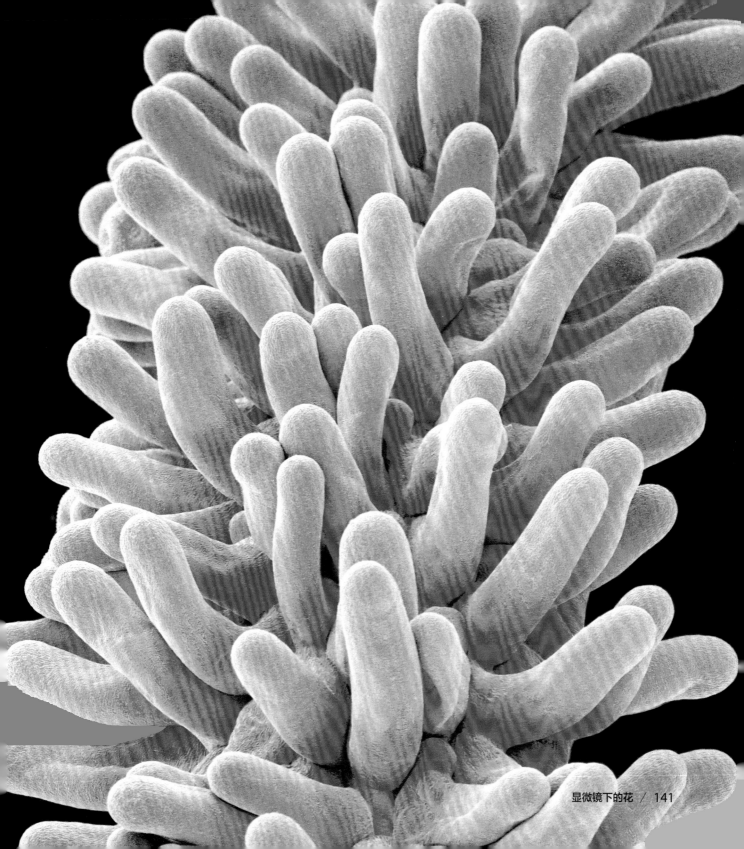

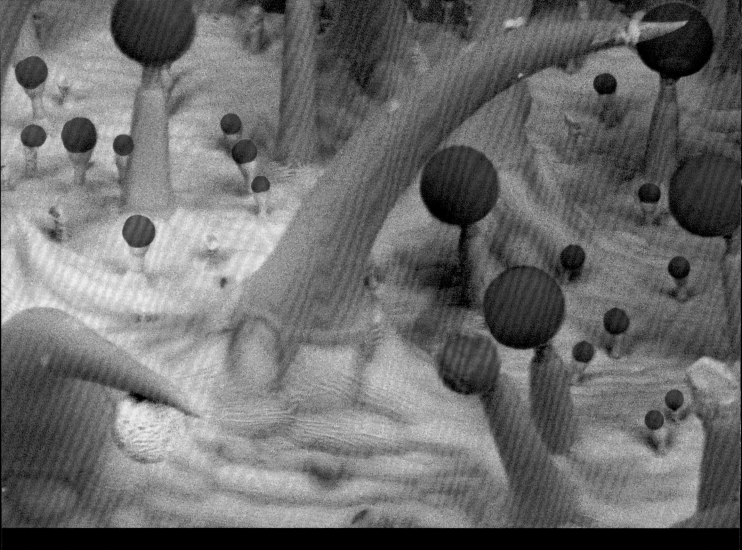

上图：香叶天竺葵的叶（扫描电镜照片）

  不同物种之间的异花传粉，让我们今天有了多种多样的香叶天竺葵品种。英文中常管天竺葵 *Scented geranium* 叫"老鹳草"（geranium），但也许会让你惊讶的是，天竺葵和老鹳草根本就是两类不同的植物——虽然最初它们都被归入老鹳草属，但是在 18 世纪，天竺葵属被分了出来，两个属被重新界定。这幅照片是柠檬天竺葵叶的近观。一些毛上的红球是腺体，可以分泌芳香油。香气让掠食者却步，但可以吸引传粉者。照片上的黄色小球是一粒花粉。（宽为 10 厘米时，放大 136 倍）

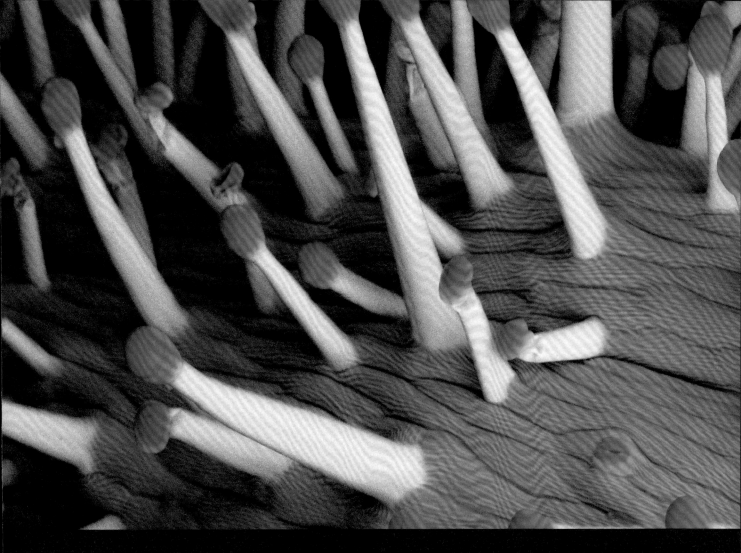

上图：哨兵峰双距花（扫描电镜照片）

双距花属 *Diascia* 是花园中的常见植物。它们是些低矮的植物，开出的粉红色花朵浓淡不一，织成一片"花毯"。由于在双距花的花瓣上有照片中这些产油的球状腺体存在，它们的花可能会呈现双色。在双距花的花朵后方，有其他花朵罕见的两根突出的距，而这正是"双距花"（twinspur）一名的由来，更多的油质贮藏在那里边。采油蜂属 *Rediviva* 的蜂类经过演化，发育出了不同寻常的长长的前足，可以采集这些油质。双距花属不同种的距长不同，因此采集不同种油质的采油蜂属的各个种，它们的前足长度也不同。（宽为10 厘米时，放大 149 倍）

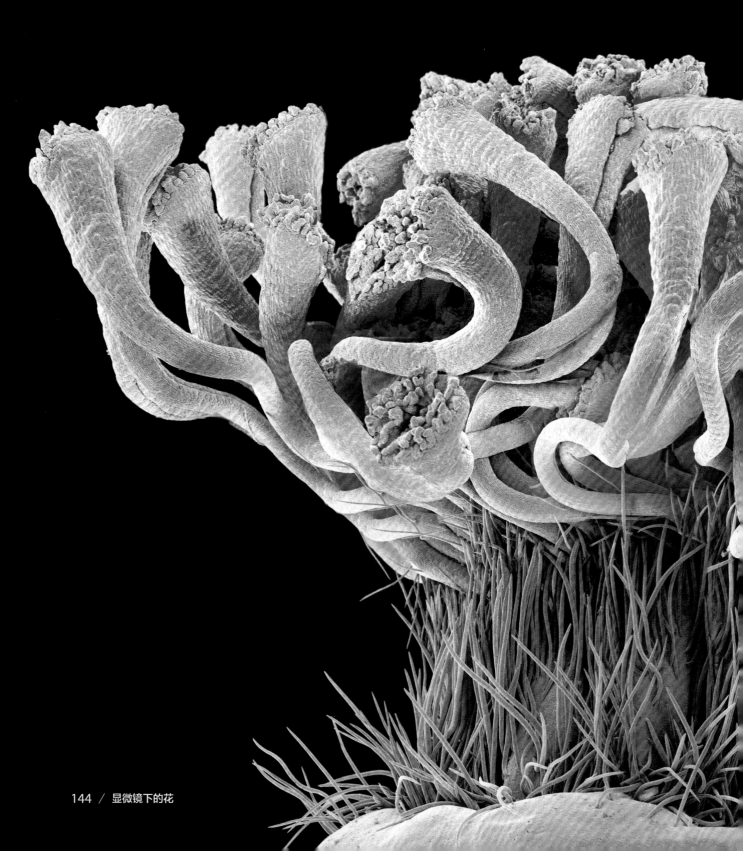

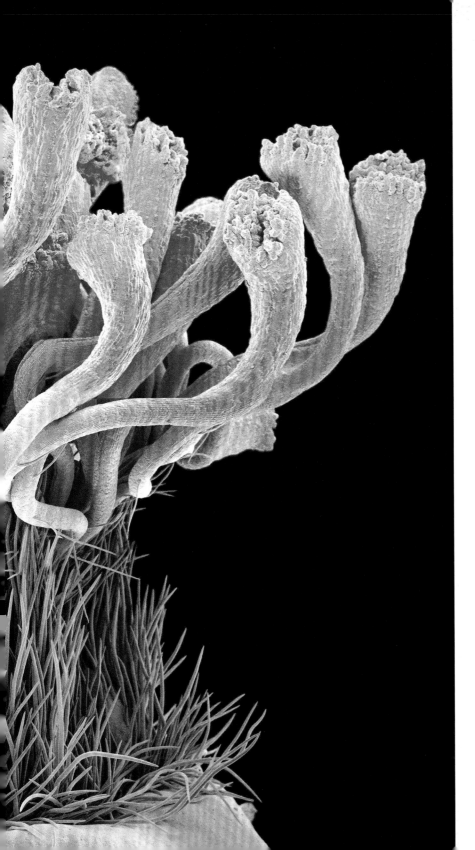

左图：月季的雌蕊（扫描电镜照片）

如果剥去月季花的花瓣和里面围成一圈的雄性生殖结构（雄蕊），就能拍摄到这样一幅震撼的雌性生殖系统（雌蕊）的照片。上方的柱头组成一顶王冠，等着接收能产生精子的花粉，在它们下面，是月季花的众多子房。受精之后，这些子房膨大，成为蔷薇果，是鸟儿的食粮；鸟儿吃下蔷薇果后，通过排泄散播种子。大多数园艺月季都结不出果实，因为它们经过人工培育会长出过多的花瓣，其中已经没有传粉昆虫落脚的空间。（放大倍数未知）

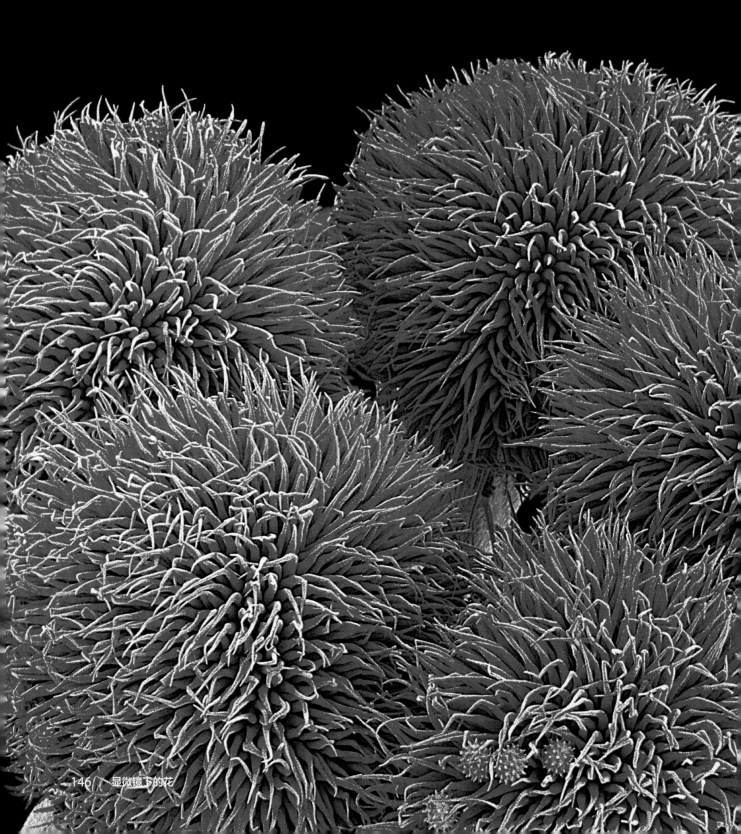

左图：玫瑰茄花的传粉（扫描电镜照片）

　　照片中这些漂亮的绒球，是玫瑰茄花中的 5 个柱头。位于右下角的那个柱头已经成功地捕获了一些花粉，它们将会让下方卵室（子房）中的卵受精。这些卵室会发育为五边形的木质化果荚，干燥之后裂开，散出种子。玫瑰茄的花可以泡制一种辛辣的茶饮，在很多国家，这种植物被人们当成一种添加酸味的烹饪调味料。菲律宾的孩子们把它的花和叶揉碎，可以制成一种汁液，用禾秆吹出泡泡。（放大倍数未知）

上图：毛茛花的雌蕊（扫描电镜照片）

　　在毛茛花的中央，这些紧密排列的小黄"面包"是一个个的卵室（子房）。每个卵室上呈带状排列的毛是柱头，随时准备捕获路过的花粉。毛茛属是古老的植物。这个属的拉丁名 *Ranunculus* 意为"小蛙"。该属植物对牲畜有毒，误食可导致口中和喉部起疱。（宽为 7 厘米时，放大 21 倍）

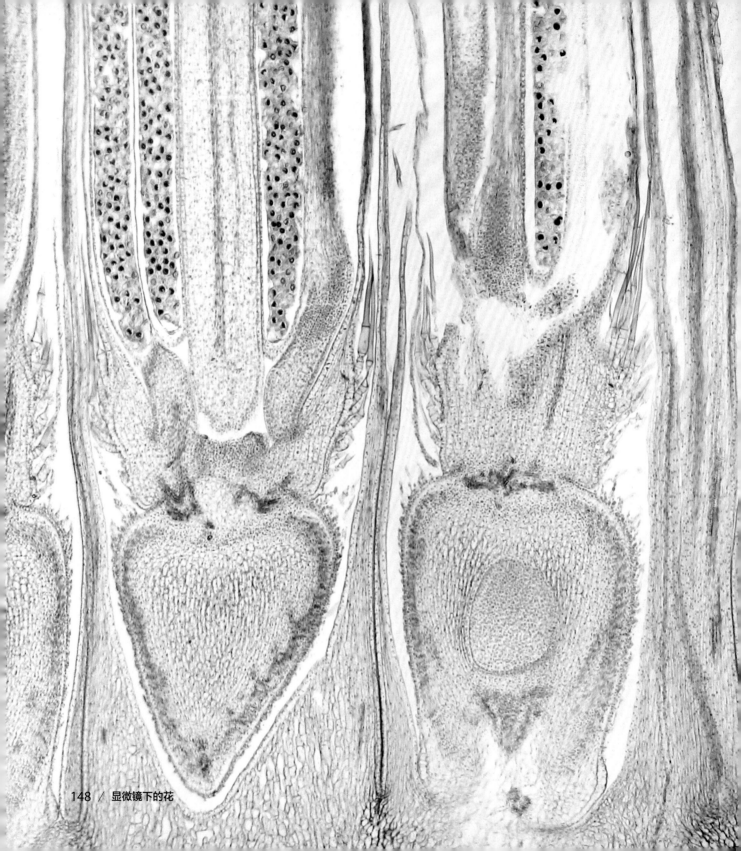

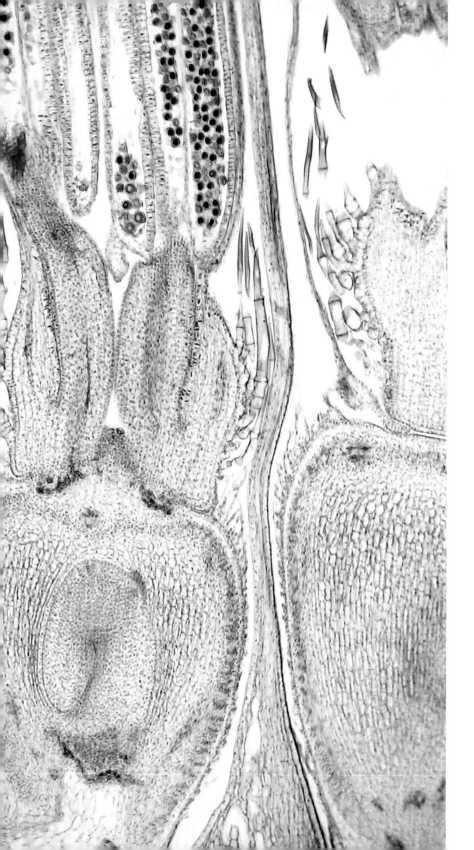

左图：向日葵的胚珠（光学显微照片）

这幅照片下部略呈三角形的小室，是一个个的向日葵"卵"（胚珠），在大部分胚珠里面都有向日葵种子在发育。每枚胚珠上部中央是杆状的花柱，它支撑着收集花粉的柱头。在每枚花柱周围成束的则是花中的长形花药（生产花粉），其中的花粉清晰可见。令人遗憾的是，已经开花的向日葵花盘并不会在一天之中不断追随太阳转动。（宽为 10 厘米时，放大 60 倍）

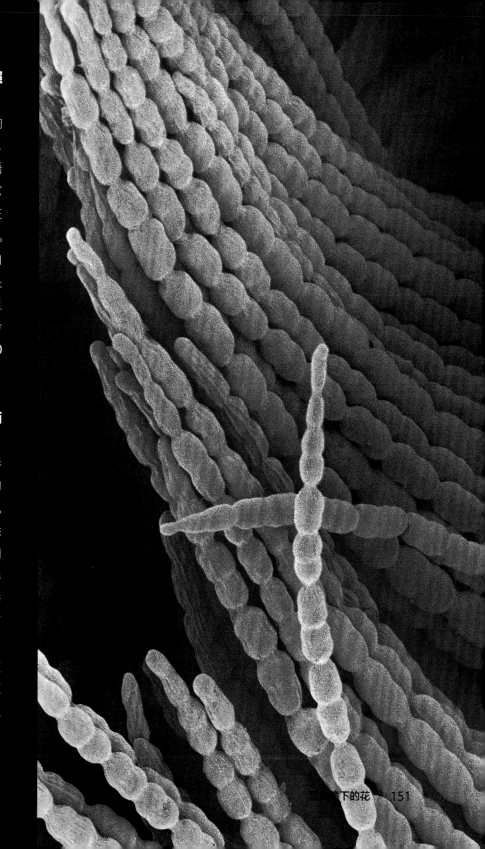

左图：三色堇的花瓣（扫描电镜照片）

照片显示了三色堇花瓣表面的毛。三色堇的花传说代表着回忆，而这种花的英文名 pansy 来自法语词 pensée，意为"被人想起"。它的意大利名意为"小火焰"，而在匈牙利，人们又管它叫"小孤儿"。三色堇能结出非常独特的果荚，由三个线状的果爿构成，它们在中央相连，仿佛一颗三芒星。当果爿里面圆溜溜的种子成熟时，果爿就会裂开。（宽为 7 厘米时，放大 360 倍）

右图：蔓长春花的花瓣表面（扫描电镜照片）

照片中这些细毛，长在蔓长春花花瓣上，形成密丛，与这种植物无毛而闪亮的叶片形成鲜明对比。蔓长春花属有两个种是园丁们熟悉的花卉，即蔓长春花 Vinca major 和小蔓长春花 Vinca minor。它们株形低矮，常绿的叶形成密垫，在花季又有紫红色的花点缀其间，每朵可爱的花都有 5 个花瓣。它们是有用的地被植物，但是也会入侵其他植物的地盘并扼杀它们 —— 蔓长春花的茎只要与土壤接触，就能生根。（宽为 6 厘米时，放大 80 倍）

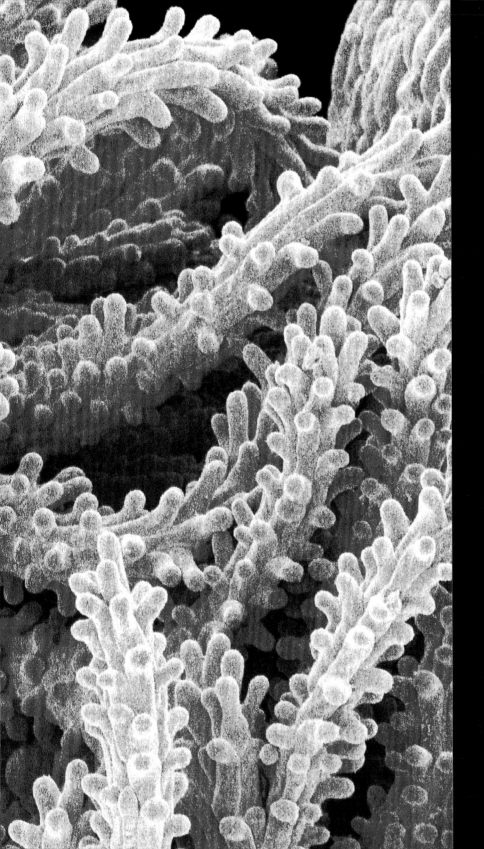

花中的雌性生殖器官单元叫作雌蕊。单雌蕊仅由1枚心皮构成：柱头通常位于顶端，可以捕捉雄性的花粉；花柱是连接柱头和子房的梗；子房本身里面则有胚珠，在由花粉授精之后发育为种子。有的花具有许多心皮，并在基部合生，于是就让数枚花柱及其柱头都连到一个单独的子房上。这样构成的雌蕊叫复雌蕊。（放大倍数未知）

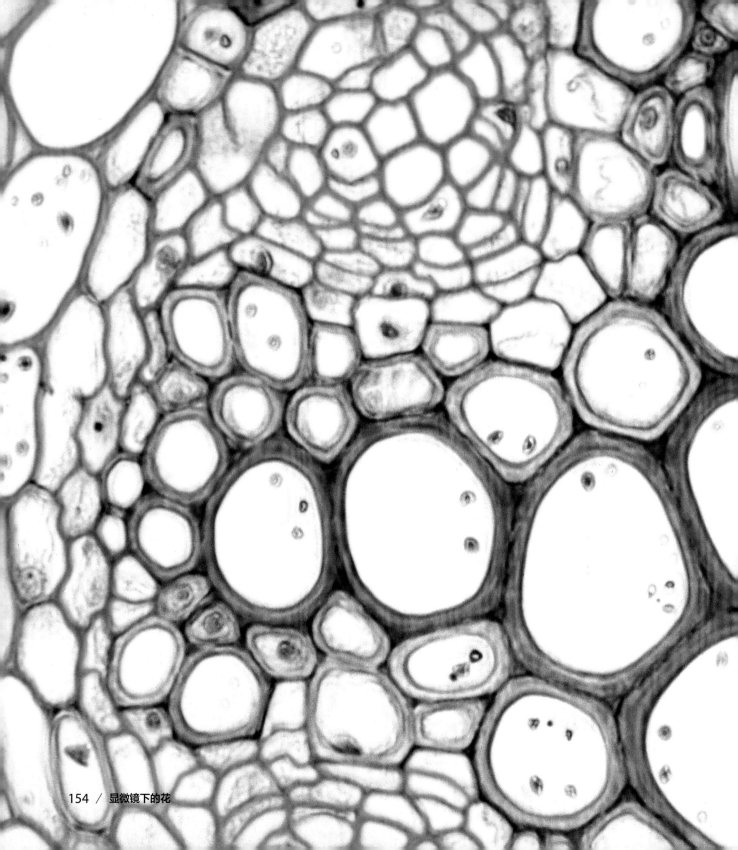

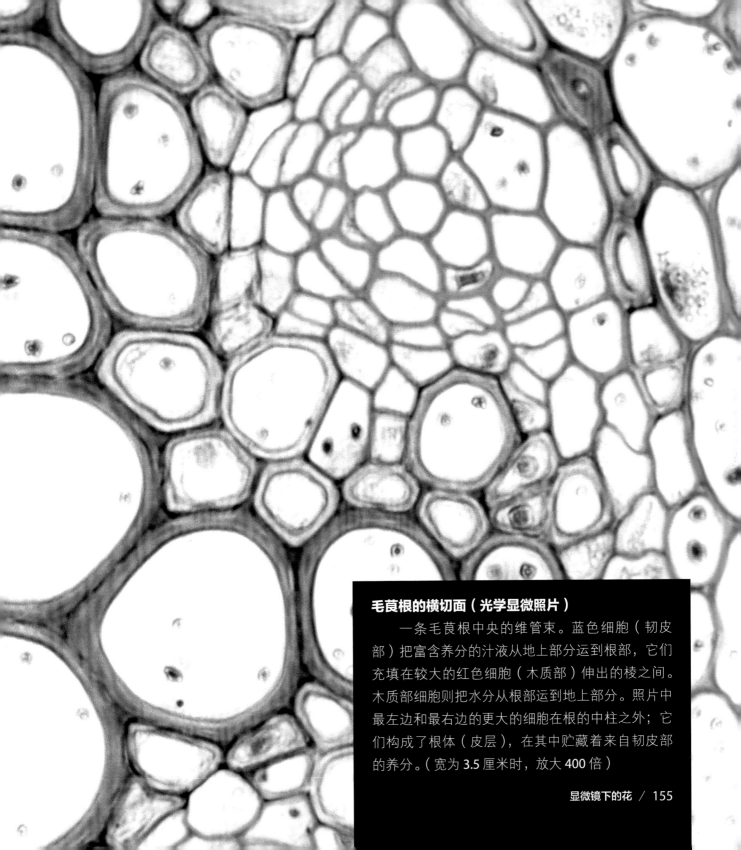

毛茛根的横切面（光学显微照片）

　　一条毛茛根中央的维管束。蓝色细胞（韧皮部）把富含养分的汁液从地上部分运到根部，它们充填在较大的红色细胞（木质部）伸出的棱之间。木质部细胞则把水分从根部运到地上部分。照片中最左边和最右边的更大的细胞在根的中柱之外；它们构成了根体（皮层），在其中贮藏着来自韧皮部的养分。（宽为 3.5 厘米时，放大 400 倍）

左图：毛地黄的生殖器官（光学显微照片）

大多数毛地黄是二年生，它们紫红色的花只在其生长期的第二年开出。照片展示了花朵里面的生殖器官：中央的杆状物是雌性的花柱，顶端有柱头，下方（在画面之外）连着子房，也就是种子发育之处。在花柱两侧是两对雄性的花药，长在各自的梗（花丝）上。花药含有孢子，成熟后成为花粉。（宽为 10 厘米时，放大 44 倍）

右图：桂竹香的花芽（光学显微照片）

这是一枚幼小的桂竹香花芽的横切面。即使在这样早的阶段，其中仍然展示了植物生殖器官的存在。中央大型的粉红色盘状物是雌蕊，也就是雌性器官，由柱头、花柱和子房构成。它周围环绕着 6 枚雄性的花药，都呈 4 裂瓣的形状。这 4 个裂瓣是花药中的 4 个囊（小孢子囊），孢子会在其中分裂，变成花粉粒。围绕在所有这些器官外面的紧密叠置的薄层，是桂竹香的花瓣和萼片，在花芽中都包裹在一起。（高为 10 厘米时，放大 2.5 倍）

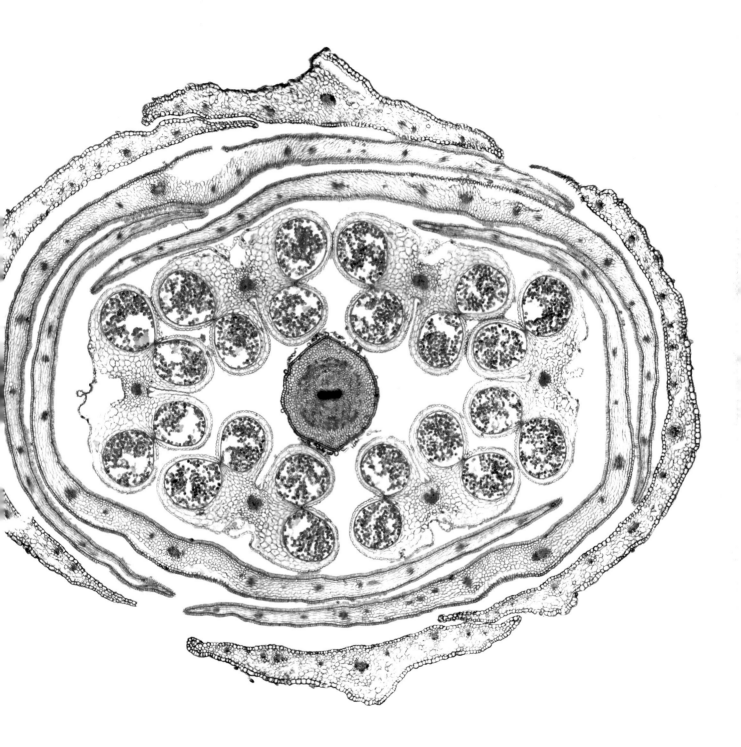

显微镜下的
蔬菜

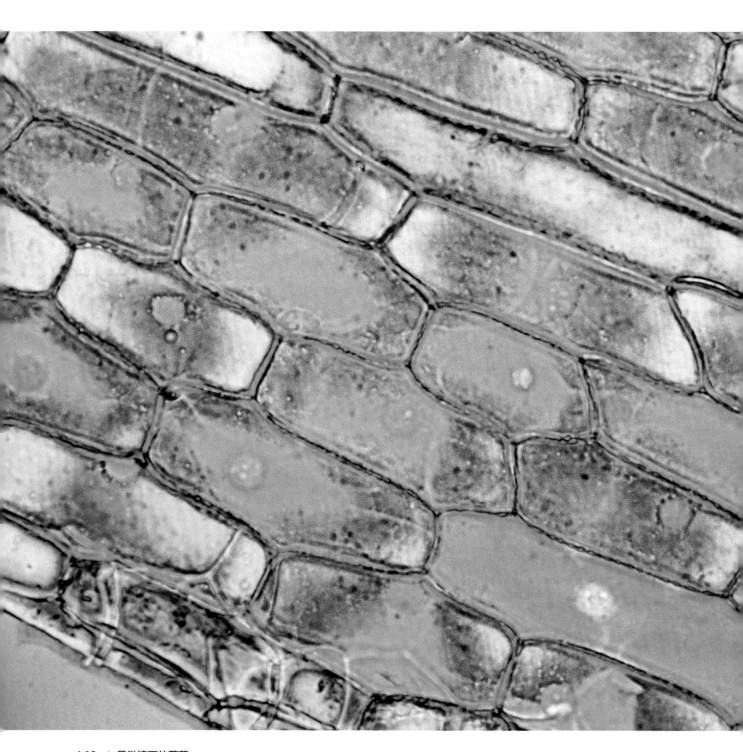

篇章页图：马铃薯的淀粉粒（光学显微照片）

马铃薯原产于秘鲁和玻利维亚，在那里可能已经被人们栽培了 1 万年。直到 16 世纪晚期，在西班牙人征服南美洲之后，它们才到达欧洲。自那时起，马铃薯逐渐成了很多欧洲烹饪中的主食，在一些国家的食谱中甚至占据了核心地位，以致马铃薯的歉收就意味着灾难。照片中这些马铃薯淀粉粒不仅可用于食品加工工业，而且可以用作裱糊壁纸的糨糊，也是早期彩色摄影中用到的制作材料。（宽为 10 厘米时，放大 120 倍）

左图：洋葱鳞茎的表皮细胞（光学显微照片）

洋葱是葱属 *Allium* 这个大属的一员，属中还有韭葱、蒜和北葱（细香葱）等植物。洋葱的皮在植物学上叫鳞片，是变态的叶。这里展示的每个鳞片细胞中央都有一个小点，是它们的细胞核。洋葱的野生起源地现在还不知道，但它已经被人们栽培了至少 7000 年，最早的栽培地可能是中亚。切开洋葱，会释放出一种叫"顺式丙硫醛氧化硫"的蒸气，可以刺激眼睛，导致人眼泪汪汪。（放大倍数未知）

右图：菜椒的叶（扫描电镜照片）

据说，哥伦布在 1493 年从美洲返回时，把辣椒引种到了欧洲。在欧洲语言中，它们被称为"胡椒"，因为欧洲人先前已经认识了外来的胡椒粒，然后便把所有辣味香料都叫作"胡椒"。菜椒（柿子椒）有许多颜色，这取决于它们属于什么品种，但红色菜椒通常就是没有摘掉而任其成熟的绿色菜椒变的。在这幅叶片细节的照片中，可以看到 3 个气孔，这些眼睛状的气孔可以调节植物体和空气之间的气体交换。（宽为 10 厘米时，放大 757 倍）

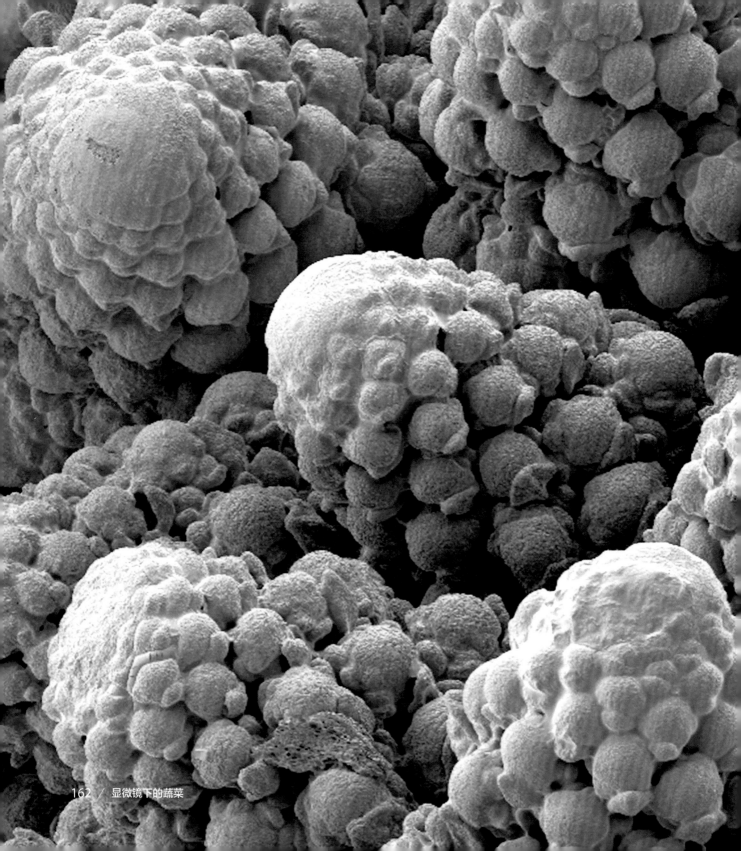

花椰菜的花序（扫描电镜照片）

　　花椰菜及与其近缘的西蓝花、抱子甘蓝、羽衣甘蓝和球茎甘蓝等蔬菜，全都是同一个种 —— 甘蓝 *Brassica oleracea* 的不同品种。花椰菜有几种颜色类型，包括白色、浅橙色、紫红色和绿色等。罗马花椰菜是花椰菜的一种独特的绿色种类，照片展示了它未开放的花序（也即食用部位）。构成花序的小花序排成轮状，数目遵循斐波那契数列规律，每个数字都是之前两个数字之和：0, 1, 1, 2, 3, 5, 8, 13, 21……（宽为 10 厘米时，放大 20 倍）

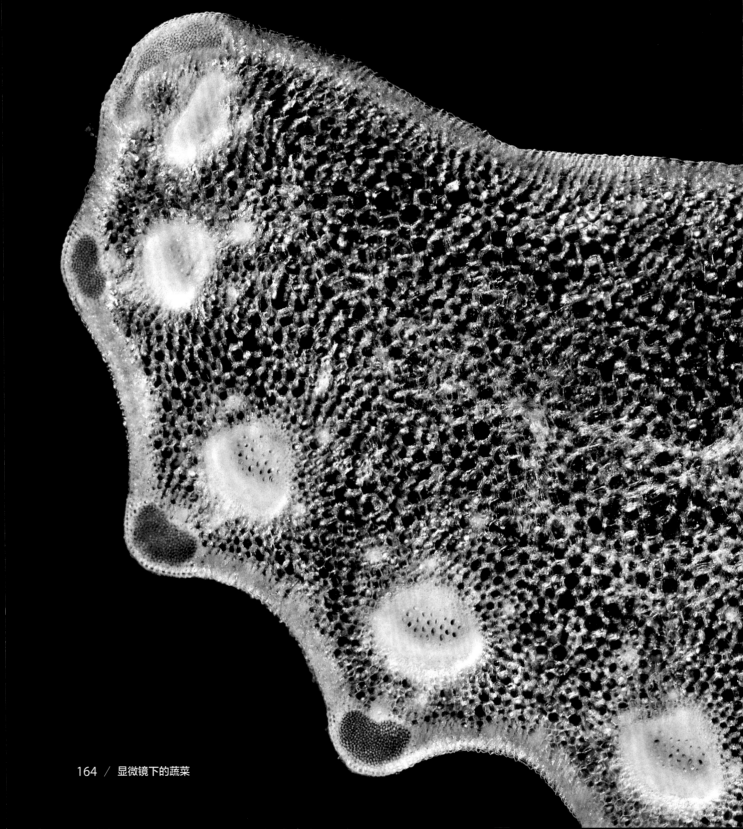

左图：芹菜的茎（光学显微照片）

在芹菜茎的这幅横切面照片中，实心的白圈是成束的韧皮部细胞，可以在根与叶之间传递糖分。在韧皮部里面是木质部细胞（绿色组织中的黑孔），负责输送水分和矿物质。因为韧皮部、木质部和绿色的外皮（表皮），芹菜吃起来有一丝一丝的感觉。芹菜含有的过敏原，不会在烹饪过程中被破坏，可以引发过敏性休克。（宽为6厘米时，放大22倍）

右图：野胡萝卜的种子（扫描电镜照片）

我们用于烹饪的栽培胡萝卜，是其野生祖先的一个亚种。照片中所示的是野胡萝卜的种子，其上尖锐的钩刺可以钩住任何路过的动物的皮毛，与此同时，又可让动物放弃吃掉它们的念头。之后，这些种子会掉落在离母株很远的地方，从而使这个种广泛分布。虽然野胡萝卜的根在幼时也可食，但是它很快就会长得粗硬而木质化。此外，野胡萝卜的地上部分还与毒性极烈的毒参非常相似。（宽为10厘米时，放大45倍）

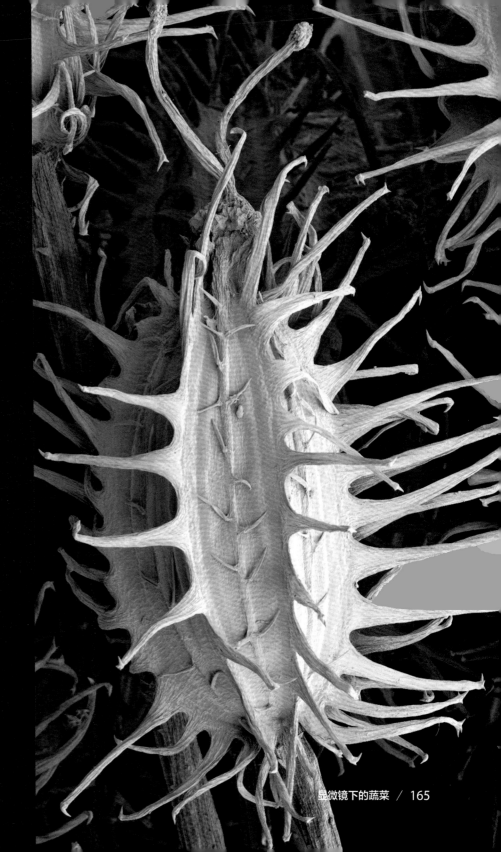

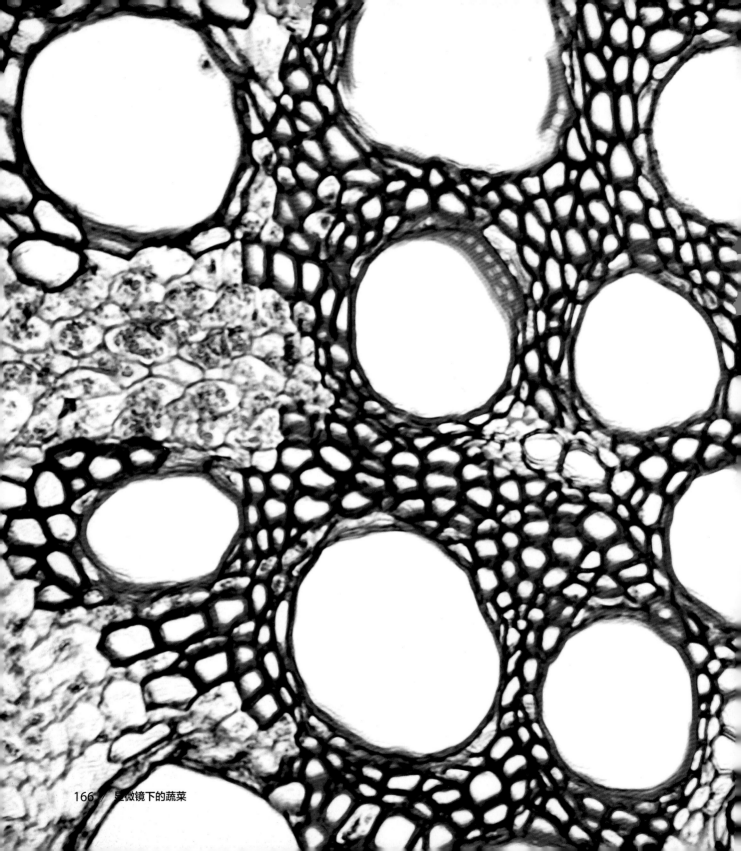

番薯的根（光学显微照片）

　　哥伦布是最早尝到番薯的欧洲人之一，但番薯在中南美洲已经栽培了至少 5000 年。番薯与马铃薯都带个"薯"字，但二者只有很远的亲缘关系；番薯倒是与园艺用的藤本花卉牵牛花属于同一个科。在这幅番薯根的横切面照片中，红色细胞是木质部，把水分输送给植株。环绕它们的蓝色细胞则是生长细胞（形成层），它们在与木质部接触的地方产生木质部细胞，在与韧皮部接触的地方产生韧皮部细胞。（宽为 10 厘米时，放大 45 倍）

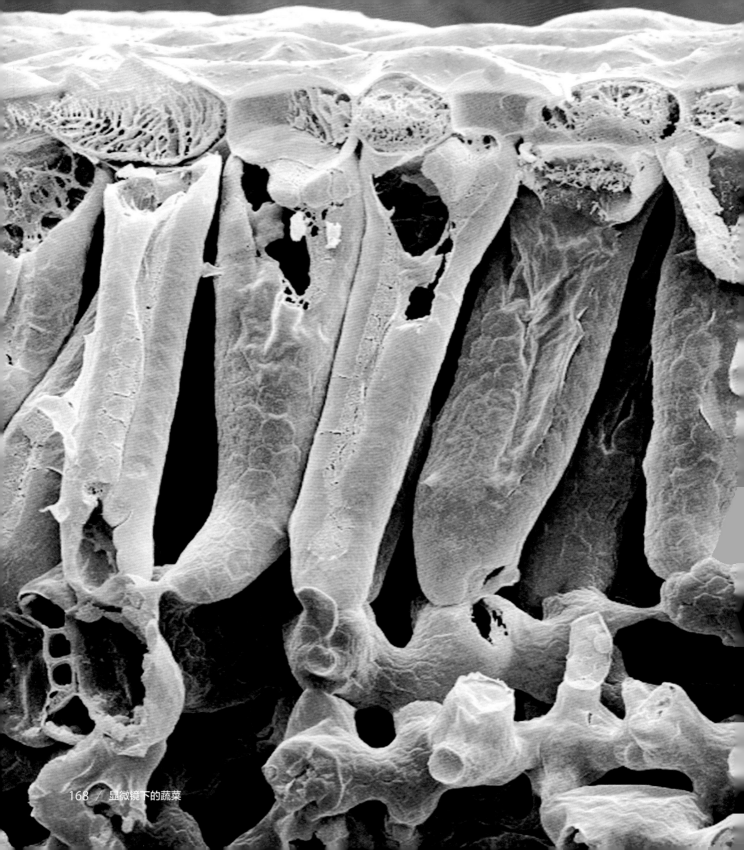

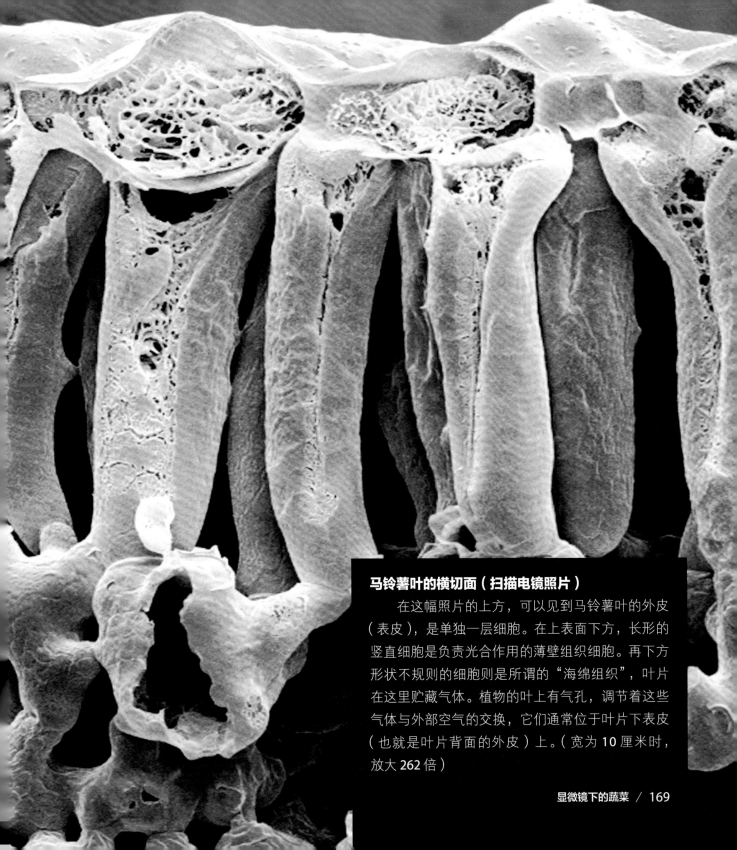

马铃薯叶的横切面（扫描电镜照片）

在这幅照片的上方，可以见到马铃薯叶的外皮（表皮），是单独一层细胞。在上表面下方，长形的竖直细胞是负责光合作用的薄壁组织细胞。再下方形状不规则的细胞则是所谓的"海绵组织"，叶片在这里贮藏气体。植物的叶上有气孔，调节着这些气体与外部空气的交换，它们通常位于叶片下表皮（也就是叶片背面的外皮）上。（宽为 10 厘米时，放大 262 倍）

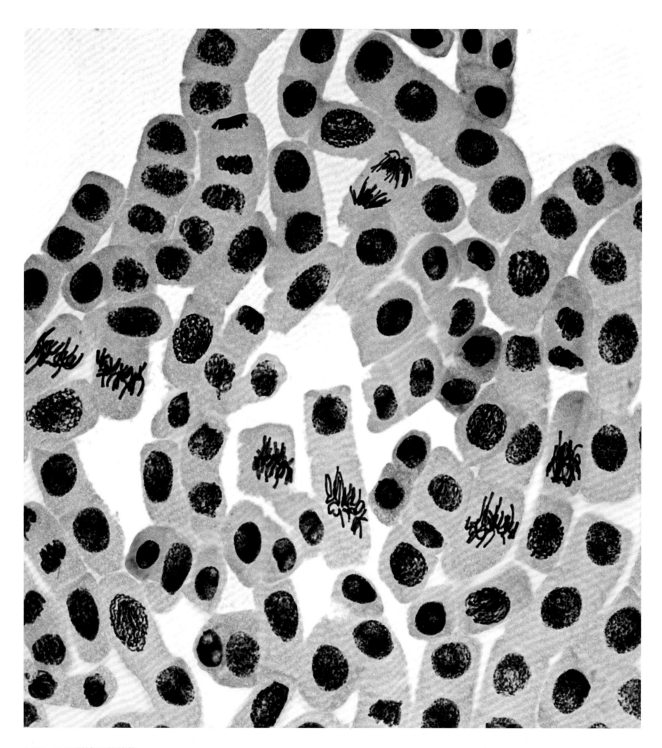

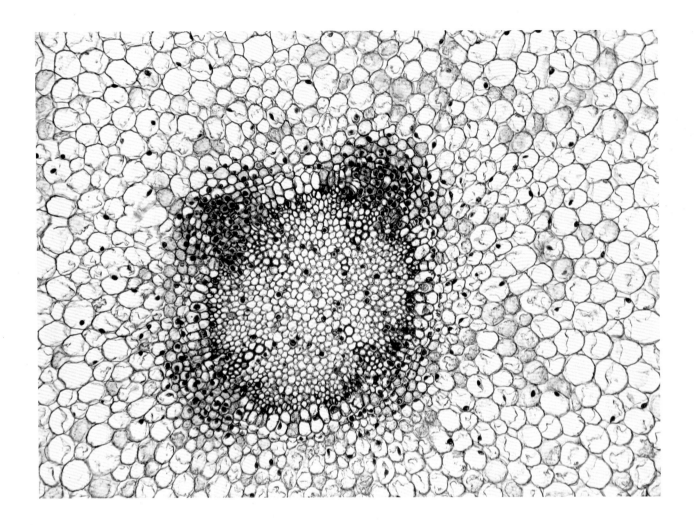

左图：植物细胞的有丝分裂（光学显微照片）

　　用洋葱根细胞加上水和盐酸，制备成显微玻片标本，可以观察到其中的细胞正在分裂、形成新细胞，这个过程叫作"有丝分裂"。具有单一的实心圆斑（细胞核）的细胞处在不分裂的阶段；而在另一些细胞里面，圆斑拆解成了线条，这些细胞正在分裂。还有一些细胞有两个实心圆斑，是有丝分裂后不久形成的一对细胞核，很快就会被细胞壁隔开。（宽为 10 厘米时，放大 450 倍）

上图：蚕豆的幼根（光学显微照片）

　　蚕豆有至少 8000 年的栽培历史。照片中为蚕豆根，其中心有一圈木质部细胞（绿色），围绕着由较小的韧皮部细胞构成的柱体。木质部细胞形成 4 个不完全的隔层（黑色），侵入韧皮部中，可以增强根的结构。木质部外面较大的细胞（蓝色）是薄壁组织，是根的贮藏细胞，它们的细胞壁相对细胞大小来说较薄。（放大倍数未知）

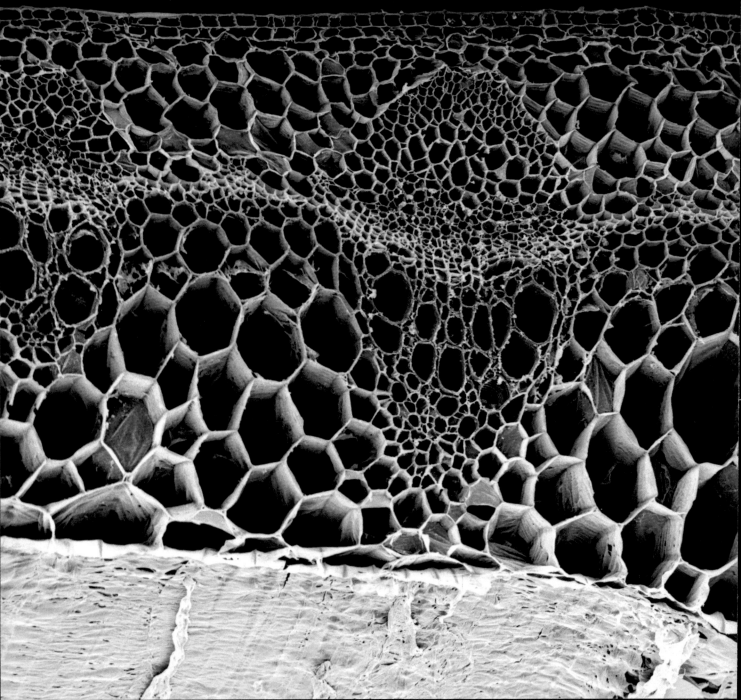

左图：豌豆的茎（扫描电镜照片）

豌豆的茎的表面包裹着两层细胞厚的外皮（表皮，照片上方）。照片中坚实的组织层（照片下方）则是茎的中心。在这两部分之间，那些由较小的细胞构成的波浪线把茎中的贮藏细胞（薄壁组织，在这条线之上）与结构细胞（木质化的细胞，在这条线之下）分隔开来。这条线也把排成卵形的供给细胞（维管束，橙色）分成两部分，其中韧皮部更靠近表皮，而木质部更靠近茎心。（宽为 10 厘米时，放大 90 倍）

右图：豌豆细胞中的叶绿体（透射电镜照片）

光合作用是在光能的驱动下，把二氧化碳转化为可以滋养植物的糖类的过程。叶绿体（绿色）是一些叶细胞中的独特结构单元，是进行光合作用的地方，其中的线形结构，是对光敏感的扁平膜层，叫作"基粒"。叶绿体中含有叶绿素，让绿色植物呈现出绿色。叶绿体具有高度的运动性，其中含有它自己的 DNA，并通过分裂来繁殖。叶绿体由能进行光合作用的细菌演化而来。[1]植物细胞只能通过有丝分裂"继承"叶绿体，而无法自己制造它们。（宽为 4.5 厘米时，放大 1680 倍）

---

[1] 按照内共生假说，叶绿体的祖先是蓝藻或光合细胞，它们被原始真核细胞吞噬，逐步进化为叶绿体。——译者注

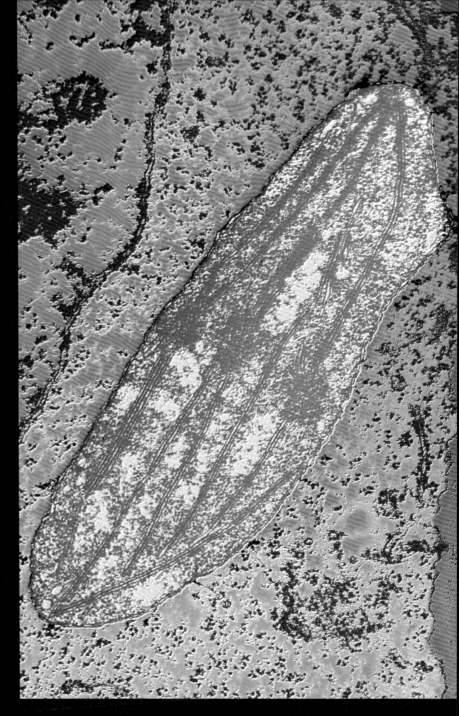

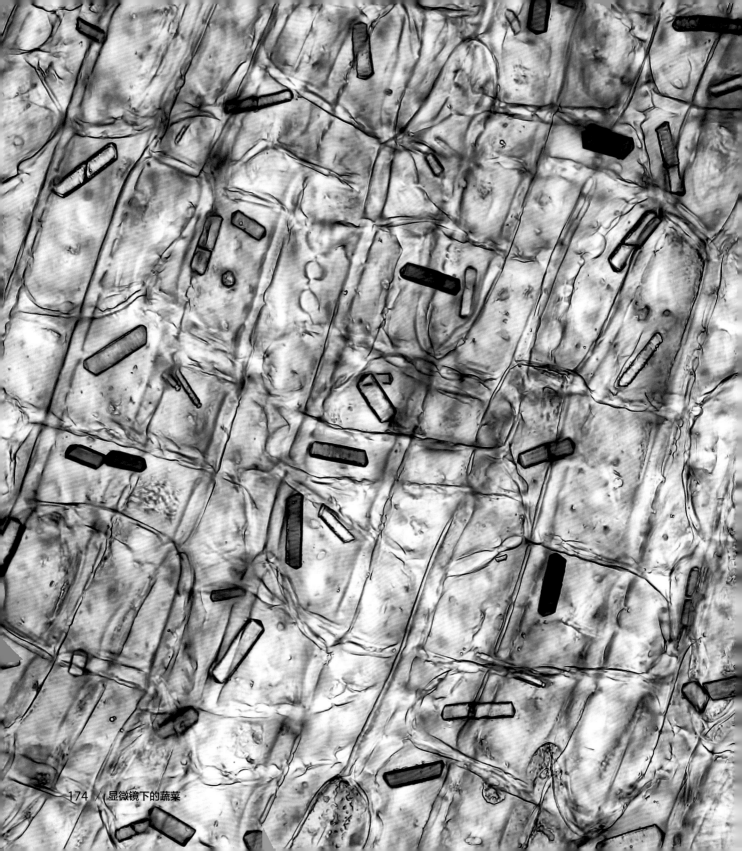

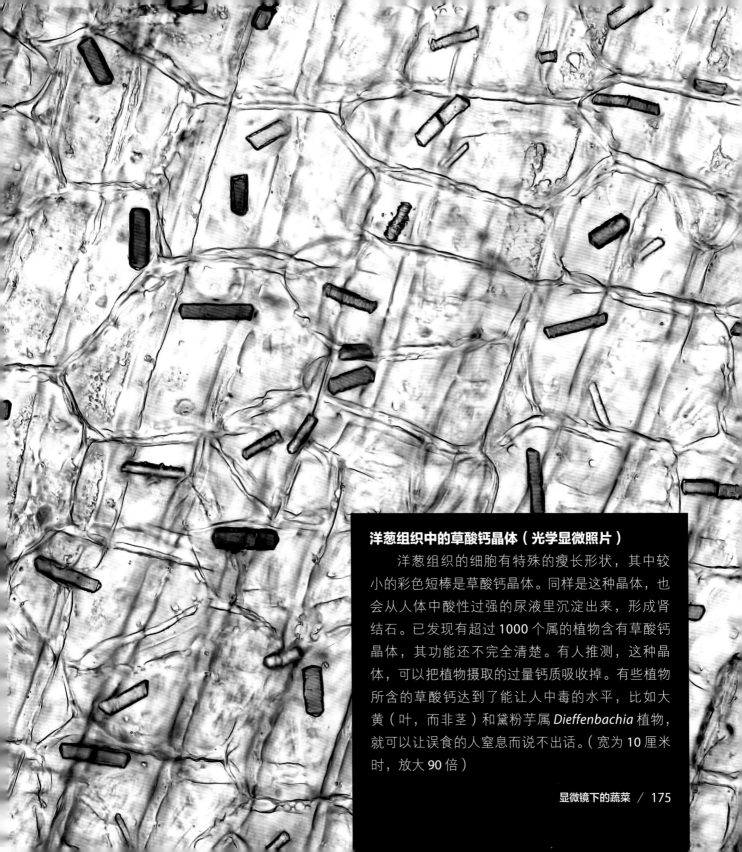

洋葱组织中的草酸钙晶体（光学显微照片）

　　洋葱组织的细胞有特殊的瘦长形状，其中较小的彩色短棒是草酸钙晶体。同样是这种晶体，也会从人体中酸性过强的尿液里沉淀出来，形成肾结石。已发现有超过 1000 个属的植物含有草酸钙晶体，其功能还不完全清楚。有人推测，这种晶体，可以把植物摄取的过量钙质吸收掉。有些植物所含的草酸钙达到了能让人中毒的水平，比如大黄（叶，而非茎）和黛粉芋属 *Dieffenbachia* 植物，就可以让误食的人窒息而说不出话。（宽为 10 厘米时，放大 90 倍）

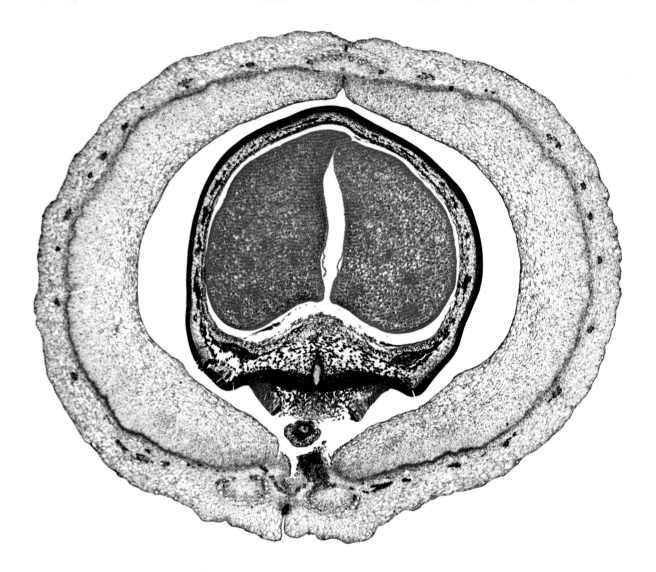

上图：菜豆（光学显微照片）

菜豆（四季豆）的豆角，在植物学上是果实，种子位于其中，通过一根梗（种柄，照片下方）附着在果壁上。种子的外皮（种皮，黑色）包裹着两枚简单的叶（子叶，红色），当种子萌发时，这两枚子叶会最先出现在地面上。果实保护性的外壁是果皮，分为外层（外果皮）、内层（内果皮，紫红色）和二者之间的结构组织（中果皮，粉红色）。（宽为 10 厘米时，放大 11 倍）

右图：大豆（扫描电镜照片）

大豆作为一种农作物，已经被人栽培了至少9000 年。有证据表明，中国是最早种植大豆的国家。大豆含有大约 25% 的淀粉，贮藏在照片所示的光滑的圆球（黄色）中。淀粉可以为种子萌发提供能量。此外，大豆还含有非常丰富的蛋白质和矿物质，在人类膳食中可作为肉类的良好替代品，也可用于喂养牲畜。（宽为 10 厘米时，放大470 倍）

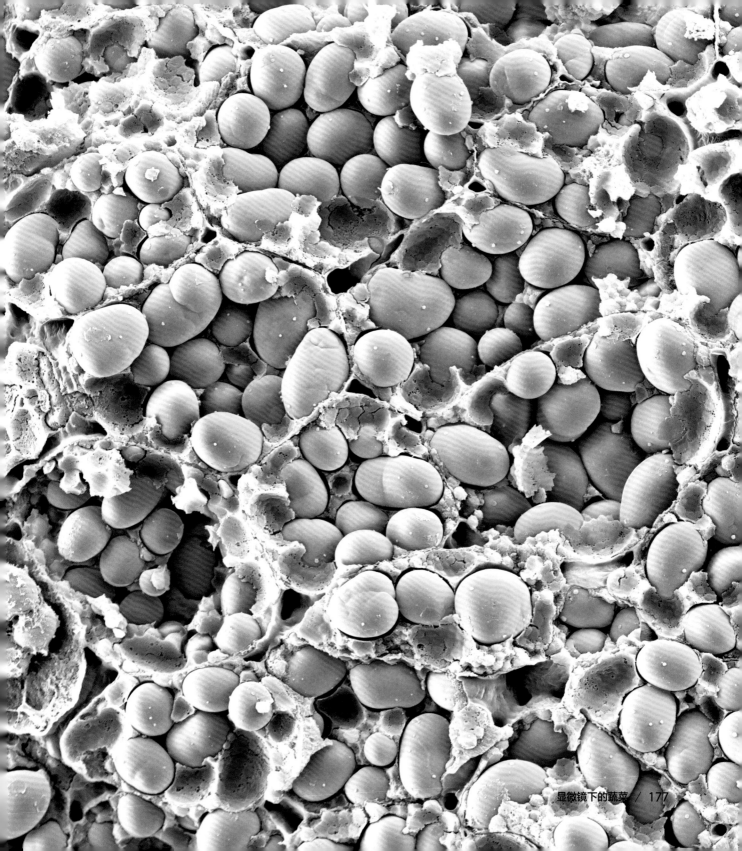

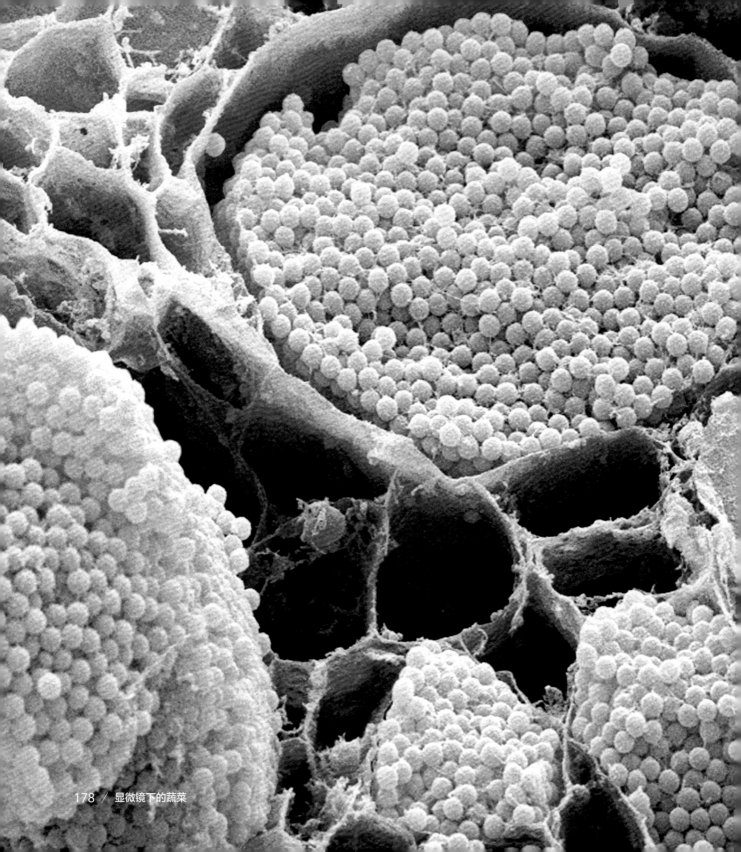

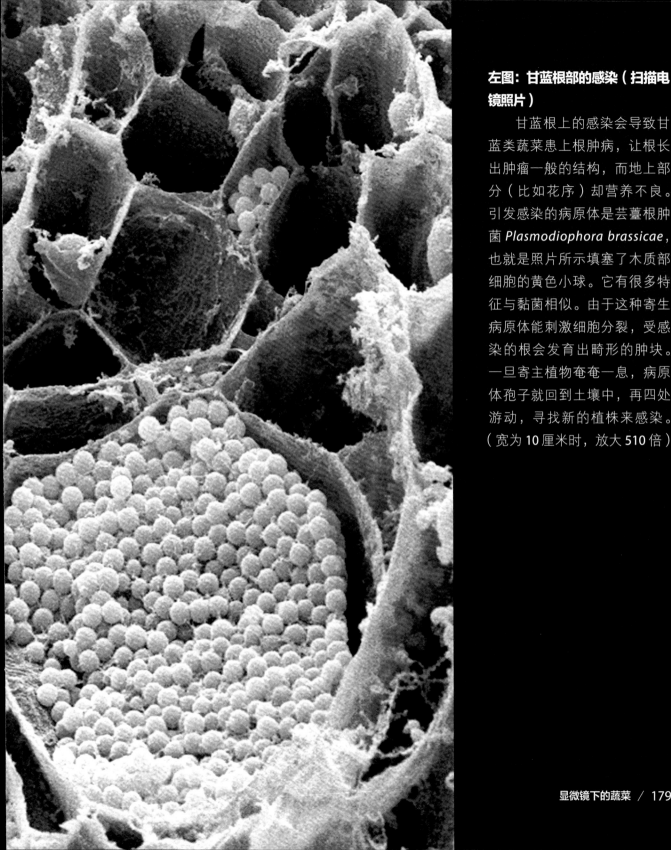

左图：甘蓝根部的感染（扫描电镜照片）

甘蓝根上的感染会导致甘蓝类蔬菜患上根肿病，让根长出肿瘤一般的结构，而地上部分（比如花序）却营养不良。引发感染的病原体是芸薹根肿菌 *Plasmodiophora brassicae*，也就是照片所示填塞了木质部细胞的黄色小球。它有很多特征与黏菌相似。由于这种寄生病原体能刺激细胞分裂，受感染的根会发育出畸形的肿块。一旦寄主植物奄奄一息，病原体孢子就回到土壤中，再四处游动，寻找新的植株来感染。（宽为 10 厘米时，放大 510 倍）

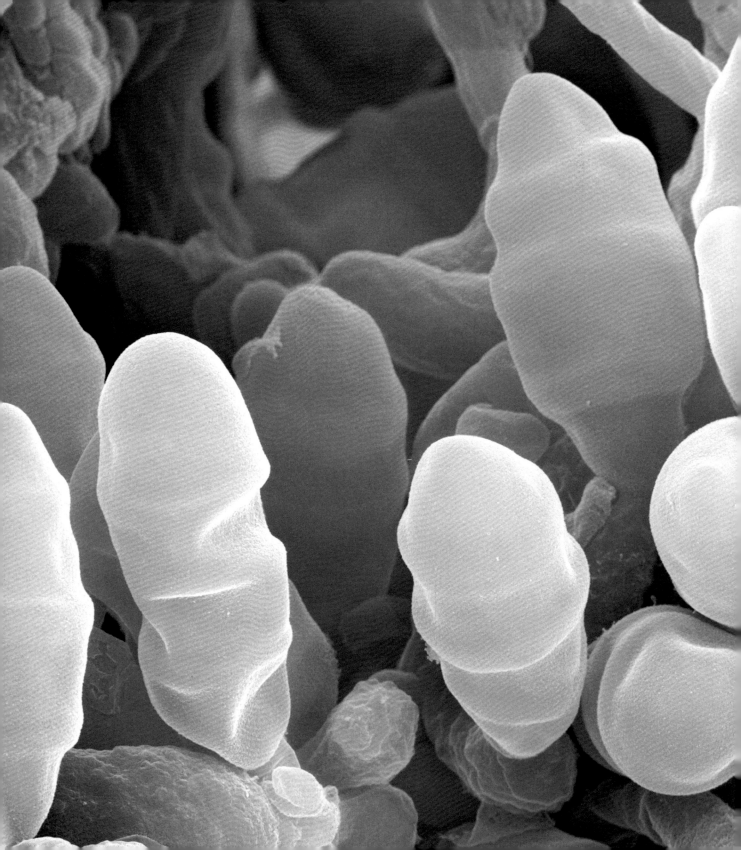

显微镜下的
果 实

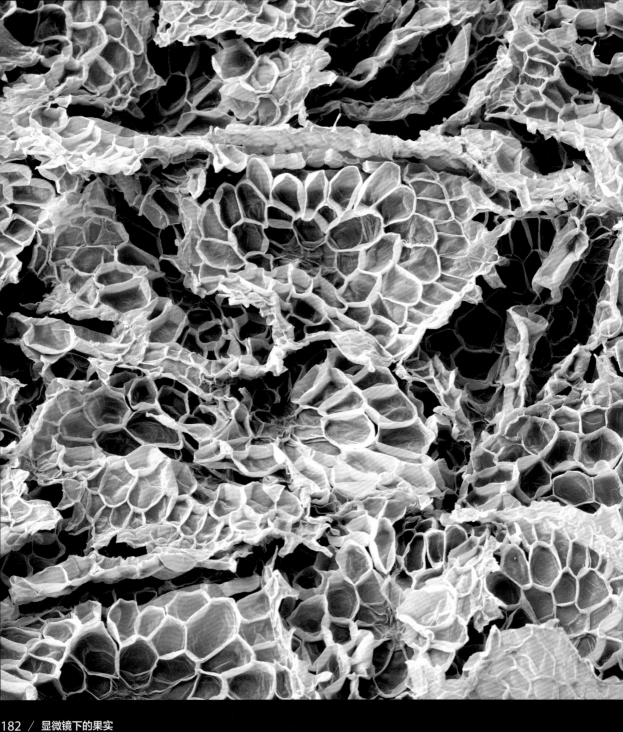

篇章页图：苹果树上的真菌（扫描电镜照片）

随着世界人口的增长，提高农业产量的需求也在增长。产量会受到气候以及农作物抗病害能力的影响。很多农作物会吸引专门的寄生病原体，比如这种苹果树真菌，照片显示它通过一枚叶片表面的裂缝鼓胀出来。叶受感染后光合作用能力会下降，这对苹果树及其果实的生长有直接的负面影响。（宽为 10 厘米时，放大 3200 倍）

左图：凤梨的叶（扫描电镜照片）

英文里面"凤梨（菠萝）"这个词（pineapple）由"松树"（pine）和"苹果"（apple）构成，最开始用来指松果。但当凤梨这种水果被欧洲人发现之后，他们认为这果子看上去就像大号的松果，于是就用 pineapple 这个词来称呼它。这幅照片显示了一片凤梨叶的下表面。在一些国家，凤梨叶中的这些纤维与蚕丝或聚酯纤维混纺，可以制造出一种挺括的织物，用于制作正装、桌布和其他纺织品。凤梨叶也能用来造纸。（宽为 10 厘米时，放大 175 倍）

右图：白葡萄（扫描电镜照片）

照片上方成层紧密排列的纤维是葡萄皮。葡萄皮对葡萄酒的"气味"——也就是它的综合香气——有很大贡献，葡萄酒酿造者十分青睐那些厚皮品种。葡萄皮中紧密堆积的小型细胞让葡萄有了坚实而有弹力的结构，并能让它充满果汁。园艺上培育的一些葡萄品种是无籽的，口感更佳。对于繁衍来说，无籽不是问题，因为它们通常用扦插的办法繁殖。（放大倍数未知）

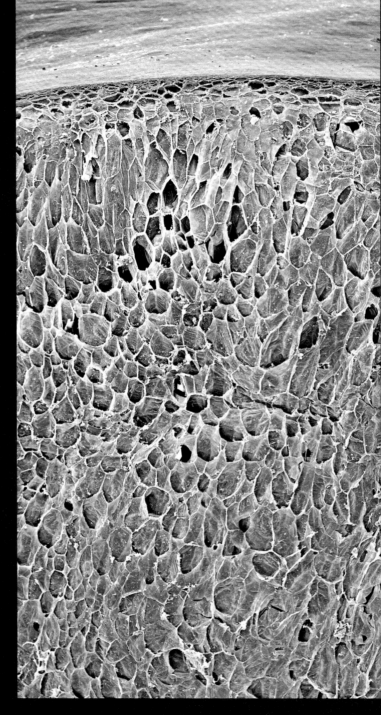

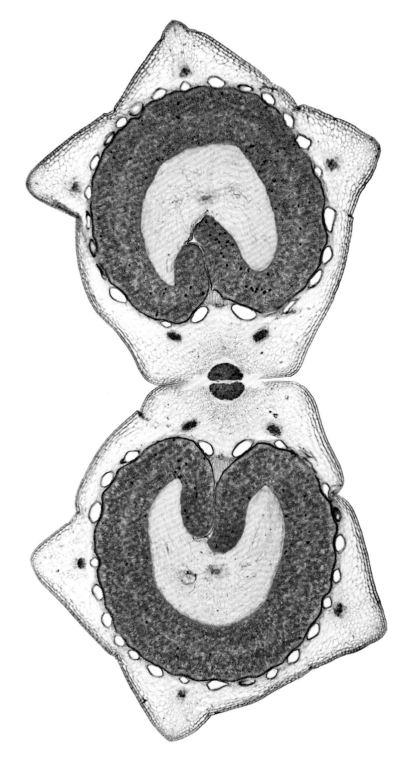

左图：马芹的果实（光学显微照片）

　　把马芹的茎用水一焯，这就成了古罗马烹饪中的一种常见原料；马芹也因此扩散到了古罗马帝国最边远的角落。只是在相当晚近的时候，与它滋味相近的芹菜才取而代之。马芹成熟的果实会裂为两半，露出两粒种子（红色），但是这两个果爿仍然附着在果梗（照片中央，呈褐色）上，直到有风把它们吹走。照片中 5 个褐色小点，位置刚好是在果爿每个棱——名为"油管"的结构里面。（高为 10 厘米时，放大 5 倍）

右图：梨中的石细胞（光学显微照片）

　　石细胞是苹果核和梨的果肉里面较硬的部分（但它们不是种子）。你在吃梨时，尝上去的那种沙粒感就是它们造成的。石细胞的功能是增加果实结构的强度。它们（在照片中聚集成红色的簇）有木质的厚细胞壁，占据了细胞的大部分；与之相反，它们周围的细胞（蓝色）则松散而宽敞，构成了梨的柔软果肉。（高为 10 厘米时，放大 37 倍）

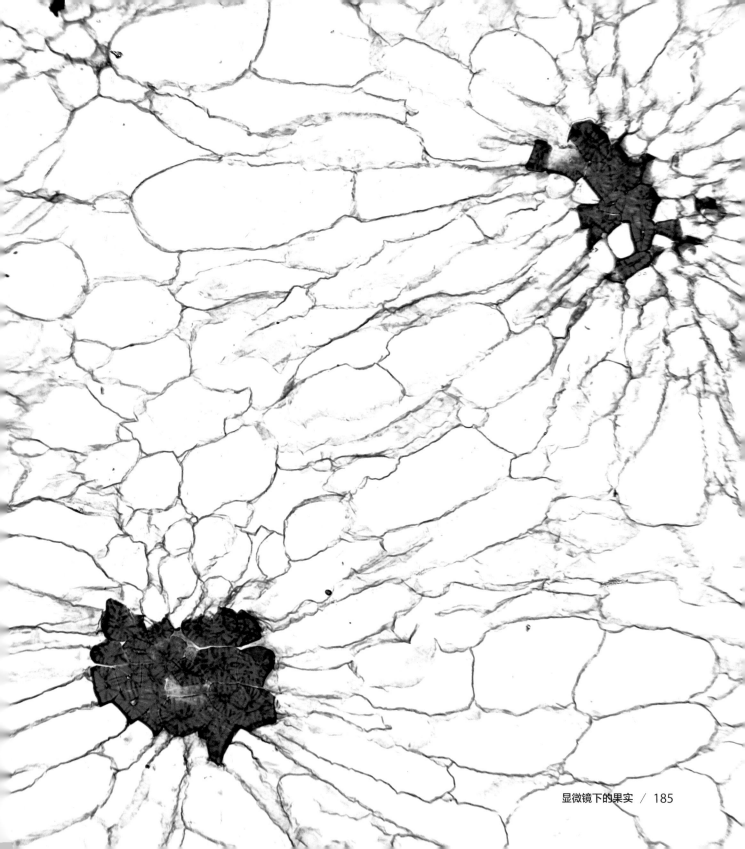

左图：草莓（扫描电镜照片）

　　我们对草莓的常见认识，没有一种是正确的。首先，它在植物学上并不是一个真正的果实，因为它的"果肉"并不是膨大的子房，而是膨大的花托。其次，在草莓表面看上去像种子（黄色）的东西实际上不是种子，而是含有种子的子房——也就是真正的果实。此外，虽然现代的园艺草莓最先是在法国培育的，但它并不是法国植物，而是来自北美洲和智利的两个野生种的杂交品种。（放大倍数未知）

右图：番茄（扫描电镜照片）

　　与草莓相反，番茄是真正的浆果，是西班牙人于 16 世纪征服美洲之后，从那里向旧大陆引种的许多新植物之一。当时在美洲，阿兹特克人（Aztec）已经开始驯化一种果实较小的本土植物，让它能结出较大的果实。番茄的果皮，是在它黄色的花朵凋谢之后由子房壁发育而成的，其中包含了大量含有种子的小室；如果把番茄水平切成片，就能看到这些小室。（放大倍数未知）

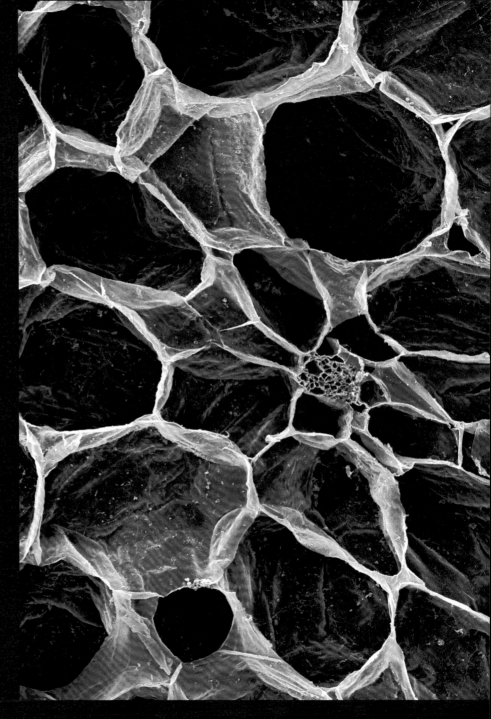

苹果梗（光学显微照片）

　　相对于苹果的重量来说，苹果梗非常细。这幅照片揭示了它的神秘强度的由来，左下角是苹果梗的中心。照片中央的浅黄色细胞带叫厚壁组织，构成它的是紧密簇集在一起的细胞，它们厚厚的细胞壁由纤维素和木质素组成。正是木质素，让木材有了硬度和强度。此外，苹果梗的强度还进一步得到了角质层的支持，角质层是苹果梗最表面的单层细胞（紫红色），含有坚固又易于弯曲的聚酯化合物——角质。（宽为 10 厘米时，放大 100 倍）

中外文译名对照表

A
African violet 非洲堇
Agaricus 伞菌属
agriculture 农业
Alexanders fruit 马芹
Ammophila arenaria 滨草
angiosperms 被子植物
anthers 花药
apple tree fungus 苹果树真菌
Aquilegia 耧斗菜属
archaeology 考古学
Asiatic lily 亚洲百合
Aspergillus fumigatus 烟曲霉
Aspergillus niger 黑曲霉
aspirin 阿司匹林
athlete's foot 足癣
aubergine 茄子
Aurinia montanum 山庭荠
auto-digestion 自消化
autumn hawkbit 秋狮苣
Azolla water fern 满江红属

B
bees 蜂类
bell pepper 菜椒
bindweed 牵牛花
biodiesel 生物柴油
bird's nest mushrooms 鸟巢菌
bogs 泥炭沼泽

borage 玻璃苣
brassicas 芸薹属
bread mould 面包霉
broad bean 蚕豆
buds 花芽
bur-clover burr 多型苜蓿
buttercup 毛茛
butterfly wings 蝴蝶翅膀

C
cabbage palm 澳洲朱蕉
cabbage root infection 甘蓝根部的感染
cactus seed 仙人掌类
Calamus vines 省藤属
calcium oxalate 草酸钙
California poppy 花菱草
Callixylon newberryi 纽贝里氏美木
cambium 形成层
camphor 樟树
cannabis 大麻
capillitium 孢丝
carpel 心皮
carrot 胡萝卜
caster bean 蓖麻
cauliflower 花椰菜
celery 芹菜
chickweed 繁缕
chicory 菊苣
Chinese fever vine 鸡屎藤

chloroplasts 叶绿体
clover 车轴草
club root 根肿病
conidia 分生孢子
Coprinus comatus 毛头鬼伞
cork 木栓
cotton fibres 棉纤维
cotyledons 子叶
cypress, Japanese 日本扁柏

D
daisy 雏菊
dandelion 蒲公英
dendrochronology 树木年代学
dermatophytes 皮肤癣菌
Diascia vigilis 哨兵峰双距花
dicots 双子叶植物
domestication 驯化

E
eggbeater trichomes 打蛋器状毛
elaters 弹丝
elder leaf 西洋接骨木
electron micrographs 电子显微照片
elm 榆树
endodermis 内皮
endosperm 胚乳
environment 环境
epidermis 表皮

evening primrose 月见草

F

fern 蕨类

fertilization 受精

Fibonacci 斐波那契

flame lily 嘉兰

flannelbush 绵绒树

flowers 花

food 食物

forensic science 法医学

fossil wood 化石木

foxglove 毛地黄

fungus 真菌

G

genetic modification 基因修饰

geranium 天竺葵

germination 萌发

gill cap 褶帽

gorse stigma 荆豆

Gossypium barbadense 海岛棉

grana 基粒

grape 葡萄

grasses 禾草

growth rings 年轮

guard cells 保卫细胞

gymnosperms 裸子植物

H

hashish 大麻

hawksbeard 还阳参

Helianthus annuus 向日葵

hibiscus flower 玫瑰茄

hollyhock 灌木月见草

honeybee 蜜蜂

horsetail 木贼

hypocotyl 下胚轴

I

Ipomoea purpurea 圆叶牵牛

iris 鸢尾

J

Japanese cypress 日本扁柏

Jatropha curcas 麻风树

K

keratin 角蛋白

kidney bean 菜豆

L

larch 落叶松

lavender 薰衣草

leaves 叶

lianas 藤本

light micrographs 光学显微照片

Lilium auratum 天香百合

lily 百合

lisianthus 龙钟花

M

magnolia wood 玉兰

maize 玉米

marram grass 滨草

medicine 药物

mesophyll 叶肉

micrographs 显微照片

microscopes 显微镜

microsporangia 小孢子囊

mildew 白粉菌

mitosis 有丝分裂

monocots 单子叶植物

morning glory 牵牛花

mosses 藓类

mould 霉菌

mushrooms 蕈类

mustard 芥菜

Mycotypha africana 非洲蒲头菌

N

Nigella 黑种草属

O

oak 栎树

olive 油橄榄

onion 洋葱

orchid 兰花

ovaries 子房

ovules 胚珠

P

Paederia foetida 鸡屎藤

palaeontology 古生物学

pansy petal 三色堇

papillae 乳头

pappus 冠毛

parenchyma 薄壁组织

passion flower 西番莲

pear 梨

peas 豌豆

Pelargonium citronellum 香茅天竺葵

pericarp 果皮

peridoles 小包

periwinkle 蔓长春花

pelagoniums 天竺葵

petals 花瓣

Phalaenopsis 蝴蝶兰属

phloem 韧皮部

Pholiota 鳞伞属

photosynthesis 光合作用

pimpernel 琉璃繁缕

pine needle 松针

pineapple 凤梨

pistils 雌蕊

Plagiomnium rostratum 钝叶匐灯藓

Plasmodiophora brassicae 芸薹根肿菌

plumule 胚芽

pollen 花粉

pollination 传粉

poppy 罂粟

potato 马铃薯

powdery mildew 白粉菌

prothalia 原叶体

puffballs 马勃

Q

Queen Anne's lace 野胡萝卜

quince 木瓜

R

radicle 胚根

Ranunculus 毛茛属

rape flower 欧洲油菜

rattan 棕榈藤

redwood 北美红杉

reproduction 生殖

resin channels 树脂道

Romanesco cauliflower 罗马花椰菜

roots 根

rose 月季

S

Salvinia natans 槐叶蘋

samaras 翅果

scarlet pimpernel 琉璃繁缕

scent 气味

scented geranium 香叶天竺葵

sclereids 石细胞

seedlings 幼苗

seeds 种子

sepals 萼片

shaggy ink cap mushroom 毛头鬼伞

shepherd's purse 荠菜

Sidalcea malviflora 锦葵状槟葵

skunk vine 鸡屎藤

slime mould 黏菌

solanine 龙葵碱

soya bean 大豆

sphagnum moss 泥炭藓

spores 孢子

sporangia 孢子囊

stamens 雄蕊

starch 淀粉

stem 茎

stigmas 柱头

stomata 气孔

stone cells 石细胞

strawberry 草莓

style 花柱

suckling clover 钝叶车轴草

sunflower 向日葵

sweet potato 番薯

sycamore maple 桐叶槭

T

tapetum 绒毡层

terpenoids 萜类

toad lily 油点草

tobacco 烟草

tomato 番茄

trees 树木

trichomes 毛被

Trichophyton rubrum 红色毛癣菌

Trifolium dubium 钝叶车轴草

V

valerian 缬草

Velcro 魔术贴

violet 非洲堇

W

wallflower 桂竹香

water mint 水薄荷

willow tree 柳树

wood 木材

wood sorrel 酢浆草

X

xylem 木质部

图片致谢

Picture Credits

博物文库·自然博物馆丛书

本套丛书内容丰富，案例生动，插图精美，语言通俗易懂，既可作为普通读者的知识读本，又可作为科研人员和教师的参考用书；是一套科学性与艺术性、学术性与普及性、工具性与收藏性完美结合的高端科普读物。

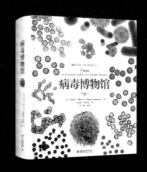

病毒博物馆

本书通过 340 余幅高清电镜彩图和示意图，详细介绍了全球 101 种与人类生产和生活密切相关的典型病毒及其变异种，展现了病毒神奇的外部形态和内部结构，揭示了病毒惊人的多样性和复杂性，以及它们对地球生命、人类生产和生活的巨大影响。

玛丽莲·鲁辛克（Marilyn J. Roossinck），国际著名病毒学家、科普作家，美国宾夕法尼亚州立大学植物病理学、环境微生物学教授，美国病毒学会理事。长期为《自然》（Nature）、《今日微生物学》（Microbiology Today）等国际顶尖热门科学期刊撰稿。

兰花博物馆

本书出自世界顶尖兰花研究专家之手，详细介绍了全世界具代表性的 600 种兰花及其近似种，包括它们的原产地、生境、类别、位置、保护现状以及花期。本书为兰花的分类，提出了重要依据。全书共 1800 余幅插图，不但真实再现了各种兰花的大小和形状多样性，而且也展现了它们美丽的艺术形态。

马克·切斯（Mark Chase），英国皇家植物园乔德雷尔实验室主任，英国皇家学会会员。

马尔滕·克里斯滕许斯（Maarten Christenhusz），荷兰植物学家，曾工作于伦敦自然博物馆、英国皇家植物园。

汤姆·米伦达（Tom Mirenda），美国华盛顿市史密松研究所的兰花收集专家。

甲虫博物馆

　　甲虫是世界上生态多样性丰富的物种之一，科学家估计，世界上四分之一的动物物种属于甲虫。它们的形态、尺寸和色彩令人目不暇接，使全世界的科学家和采集家趋之若鹜。本书详细介绍了全世界具代表性的 600 种令人惊叹的甲虫及其近缘物种，包括地理分布，采集和鉴定的基本方法，以及它们的栖息环境、大小尺寸、习性食性、发育过程和生物学特征等基本信息，为甲虫的分类提出了重要的依据。

　　帕特里斯·布沙尔（Patrice Bouchard），加拿大昆虫、蜘蛛、线虫国家标本馆（渥太华）研究员，鞘翅目馆员。

贝壳博物馆

　　本书详细介绍了全世界最具代表性的 600 种海洋贝类及其近似种。这些重要贝类分布范围遍及全球，栖息环境从潮间带延伸至深海，从寒冷的极地延伸到热带海洋。每种小贝壳都配有两种高清原色彩图，一种图片与原物种真实尺寸相同，另一种为特写图片，能清晰辨识出该物种的主要特征。此外，每种贝壳标本均配有相应的黑白图片，并详细标注了尺寸。

　　M. G. 哈拉塞维奇（M. G. Harasewych），国际史密森学会无脊椎动物研究所负责人，收藏有全世界十分丰富的软体动物标本。他发现了很多新物种。
　　法比奥·莫尔兹索恩（Fabio Moretzsohn），动物学博士，得克萨斯州哈特研究所研究员，《得克萨斯海贝百科全书》的作者之一。

蛙类博物馆

　　本书作者团队为世界顶尖青蛙研究专家，在书中向我们展示了神奇的青蛙世界，简要阐述了青蛙的起源和分类、进化多样性、摄食行为、社会性等知识，主要篇幅则详细介绍了 600 多种最令人惊叹、适应性最为奇妙的青蛙。目前，青蛙在全世界迅速减少，主要原因是环境污染、气候变化、外来物种侵入以及人类扩张造成栖息环境的缩小等。因此，青蛙是一个重要的污染物指标。

　　蒂姆·哈利迪（Tim Halliday），世界著名两栖动物专家，英国开放大学生物学荣誉退休教授。他撰写了多部著作，包括史密森学会手册的爬行动物卷和两栖动物卷。

蘑菇博物馆

　　绚丽多彩，千姿百态，奇幻神秘 —— 蘑菇已经进化形成了一系列令人惊叹的奇异形状遍布在地球上，从赤道到两极的每一个角落。本书向我们展示了色彩斑斓的蘑菇世界，简要介绍了蘑菇类鉴定的方法、形态、分类、分布、采集和收藏方面的知识，每张图片都是以实际大小拍摄，清晰生动，色彩丰富，真实地再现了自然界美妙绝伦的艺术形态。

　　彼得·罗伯茨（Peter Roberts），英国皇家植物园真菌学家。其足迹遍布欧洲、美洲、大洋洲、亚洲等地，发表了大量关于温带及热带蘑菇的研究文章。